从石器时代到智能时代

青少年
人工智能启蒙

丁红 著

U0180715

中国水利水电出版社
www.waterpub.com.cn
·北京·

内 容 提 要

近年来，人工智能技术迅猛发展，阿尔法围棋战胜了人类棋手，ChatGPT 会写论文……越来越多的人工智能产品走进了人们的视野，人类已经走进了智能时代。

为了迎接未来，我们需要了解过去，也需要努力学习智能技术的相关知识，更好地为未来做准备。本书回顾了人类从石器时代到智能时代的科技发展历史，并用深入浅出的语言介绍了人工智能的相关技术，内容简单、案例实用、有趣好读，是人工智能领域的启蒙读物。

本书适合小学高年级以上、初高中学生阅读学习，小学低年级的小朋友可以在家长的陪同下阅读。本书也可作为人工智能科普读物，适合所有对人工智能感兴趣的普通读者。

图书在版编目（ＣＩＰ）数据

从石器时代到智能时代 ：青少年人工智能启蒙 / 丁红著. -- 北京 ：中国水利水电出版社，2023.4
ISBN 978-7-5226-1488-5

Ⅰ．①从… Ⅱ．①丁… Ⅲ．①人工智能－青少年读物
Ⅳ．①TP18-49

中国国家版本馆CIP数据核字(2023)第064906号

策划编辑：王新宇　　　责任编辑：杨元泓　　　封面设计：梁　燕

书　　名	从石器时代到智能时代——青少年人工智能启蒙 CONG SHIQI SHIDAI DAO ZHINENG SHIDAI——QING-SHAONIAN RENGONG ZHINENG QIMENG
作　　者	丁红 著
出版发行	中国水利水电出版社 （北京市海淀区玉渊潭南路 1 号 D 座　100038） 网址：www.waterpub.com.cn E-mail：mchannel@263.net（答疑） 　　　　sales@mwr.gov.cn 电话：（010）68545888（营销中心）、82562819（组稿）
经　　售	北京科水图书销售有限公司 电话：（010）68545874、63202643 全国各地新华书店和相关出版物销售网点
排　　版	北京万水电子信息有限公司
印　　刷	三河市德贤弘印务有限公司
规　　格	170mm×240mm　16 开本　11 印张　99 千字
版　　次	2023 年 4 月第 1 版　2023 年 4 月第 1 次印刷
印　　数	0001—3000 册
定　　价	59.00 元

前　言

2016 年，机器人阿尔法围棋战胜了世界围棋冠军李世石，机器智能战胜了人类智能，一个新的时代——智能时代开启了。

最近几年，人工智能技术迅猛发展，人工智能产品逐渐走进了普通人的生活和工作中。在家庭生活中，扫地机器人、智能音箱、智能家电等产品给人们的生活带来了极大的便利；在智能化工厂，工业机器人能够进行自动焊接、切割、拼装、喷漆……；在很多领域，智能机器逐渐取代了人类的工作，无人停车场、无人超市、无人银行、无人酒店开始出现。

一百多年前，电的使用彻底改变了人类的生活和工作方式；最近几十年，计算机和互联网的迅速普及给人类的工作和生活带来了颠覆性变化；现在，迅速发展的人工智能技术正给人类的生活带来巨大变化。很多职业将会被人工智能技术取代，但同时也会产生很多新的职业；未来，大多数行业都将和人工智能技术结合，从而实现智能化转型。

现在的孩子们生长在智能信息时代，自小便接触、使用各种智能产品。在他们的世界里，智能产品似乎与生俱来就是生活中不可或缺的一部分。很多孩子虽然会熟练地使用智能产品，但缺少对科技发展史、人工智能和核心技术的了解，更不了解智能技术的发展会给人类未来带来什么影响。

2017 年 7 月，我国政府发布了《新一代人工智能发展规划》，提出"人工智能的迅速发展将深刻改变人类社会生活、改变世界。"要"为抢抓人工智能发展的重大战略机遇，构筑我国人工智能发展的先发优势，加快建设创新型国家和世界科技强国"，要"实施全民智能教育项目，在中小学阶段设置人工智能相关课程，逐步推广编程教育"。

智能时代刚刚开启，这是一个技术更新特别迅速的时代，这也将是一个更加富有挑战的时代。现在的青少年是未来智能时代的主角，需要面对更多的挑战。所以他们不仅仅需要会使用智能产品，还需要了解智能技术的运作原理，要有创新能力，有适应快速变化的能力，有面对不确定性未来的能力和勇气。

了解人类的科技发展历史，能够帮助孩子们全面地知晓科学技术发展的历程，知道所有科学成就都是建立在人类一步一步发展的科学技术基础上的。

从石器时代到智能时代，人类积累的知识越来越多，科学技术发展的速度越来越快。这些积累的知识都是数据，人类的智慧就是建立在这些知识数据基础之上的。

机器智能和人类智能类似，也是建立在大数据基础之上的。信息时代，数据的累积为人工智能技术的发展奠定了基础。计算机硬件技术的发展、计算能力的提高、算法的进步也都为人工智能的发展提供了助力。

智能时代是信息时代的延续，智能时代是信息时代发展到巅峰的产物。

当清楚地了解了人类的科学技术发展历史以后，知道"科技进步是人类发展的必然"，我们就不会担忧未来被机器人取代，不会忧惧被机器人抢了工作。我们只需要乐观积极地为未来做好准备。

本书第 1 章介绍了人类的科学技术发展史，从石器时代、陶器时代、青铜器时代与铁器时代，到第一次工业革命、第二次工业革命、信息革命，一直到现在的智能时代，捋清了人类科技发展的脉络，并介绍了人工智能的概念。

没有计算机技术的发展就不会有人工智能技术的出现。人工智能技术是建立在计算机技术发展基础之上的，第 2 章介绍了计算机技术基础，包括计算机硬件和软件的构成以及计算机语言。

互联网将计算机连成网络，并且连接的范围越来越广，连接的设备越来越多，物物相连、万物互联，构成物联网，为人工智能技术的发展提供了助力。第 3 章介绍了互联网和物联网的发展历程和基础知识。

人工智能技术发展的三大基石是：数据、算法和算力。本书第 4 章、第 5 章、第 6 章分别围绕三大基石进行讲解。

智能时代已经开始了，第 7 章介绍了我们身边的人工智能应用，展望了未来的发展趋势，以及智能时代人类最重要的核心竞争力是什么。

在本书的写作过程中，吴军老师所著的《全球科技通史》对本人的影响很大，从中引用了不少观点和素材，特此感谢。中国水利水电出版社万水分社的石永峰副社长对本书的编写出版给予了很大的支持和鼓励，在此表示感谢。

书稿完成后，作者邀请丁一冉同学（15 岁）、刘芝宇同学（12 岁）、丁思琪同学（11 岁）、王心悦同学（8 岁）阅读书稿，从青少年角度提出建议。在此向他们表示感谢！

智能时代，属于你们——正在长大的孩子们！

作者邮箱是 dh65@qq.com，QQ 讨论群 712978329，欢迎读者朋友来信、进群交流讨论。

作者
2022 年 10 月

目　　录

第❶章　从石器时代到智能时代
——人类科学技术发展史

导读

　　在讲解人工智能技术之前，让我们乘坐时光机，穿越时空隧道，来看一看人类如何从茹毛饮血的原始社会（石器时代）一路发展到拥有高度发达科学技术的现代社会（智能时代）的。

1.1 人类和其他动物的区别是什么

嗨，同学们，你们知道世界上有哪些动物吗？

世界上的动物特别多，你每天都能见到的动物是什么呢？

这个世界上有各种各样的动物，比如常见的蚂蚁、蚯蚓、小鸟，有被人类畜养的猪、羊、牛、马、鸡、鸭、鹅，有生活在森林或草原里的老虎、狮子、豹子、大象、斑马，还有生活在水里的各种鱼类，等等。

还有，其实我们人类也是一种动物。

那么，你知道我们人类和其他动物最主要的区别是什么吗？

人类不能像鸟那样会飞；不能像鱼一样随时轻松自由地游来游去、潜到水底；跑得没有马快；力气没有老虎、狮子大……

但是人类发明出了像鸟一样可以飞上天空的飞机，还有像鱼一样可以潜到水底的潜水艇。人类创造出来的火车跑得比马快；创造出来的刀或枪能轻易地把老虎、狮子打败……

和其他动物相比，人类的大脑更聪明、更智慧、更会利用工具、更会发明和创造工具，在生物学上的学名为"智人"，就是有智慧的人。

其实，有的动物也会使用工具，比如和我们人类最接近的大猩猩。大猩猩会找一根大小合适的树枝,把树枝上的枝丫折断,然后将树枝伸到蚂蚁洞里,等树枝上爬满蚂蚁,再把树枝从洞里拿出来,吃掉上面的蚂蚁。

但我们人类不仅仅会简单地使用工具,还会发明创造工具,比如把铁矿石经过高温熔炼、锻造后制造成刀、犁、铲子、铁锹等农业工具,这些农业工具可以用来帮助农民种植、收割,如图1.1所示。

铁矿石　　　　　　　　　　　镰刀

图 1.1　铁矿石可以被制造成锋利的刀具

所以,人类和其他动物最主要的区别之一是,人类是具有高级智慧的动物,能够发明和创造各种工具,具有改造环境和创新的能力。

难道我们人类从一开始就有这些能力了吗?

其实,最初的人类和其他动物差不多,是通过上百万年的进化、发展,才拥有今天这样的能力,也就是区别于其他动物的发明创造能力。

让我们一起穿越时空隧道,回到石器时代,从那里开始了解人类几百万年来的发展过程。

1.2 人类的科学技术发展历史

1.2.1 石器时代——人类学会了制造工具

我们的祖先——原始人，最初并不会使用工具，当年他们和猴子、猩猩的生活方式差不多。用手去采集一些浆果，或者爬到树上去采集高处的果实，也许还会抓一些可以食用的虫子、鱼（肯定吃的是生肉，因为他们还不会使用火）。他们不穿衣服，住在天然形成的洞穴里。

大约距今上百万年前的某一天，山上滚落的石头砸断了很多树木，砸死了很多小动物，原始人轻松地捡了很多树枝，同时还轻松地吃到了动物的肉，心里开心又满足。

或者，某一天，原始人遭遇了狼群或者其他动物的威胁，顺手抓起石头扔过去，恰巧把动物砸伤、砸死，或者吓跑了。

或者，还有其他一些偶然发生的事情，让原始人发现了石头的妙用。

当然，以上这些场景都是我们的想象。总之，原始人在长期的生活中，慢慢知道了石头可以作为工具使用。

一开始，他们只会使用天然的石头作为工具，比如找一些尖尖的石头用来猎杀小动物，找一些薄薄的石头用来切肉，或者找一些圆形的石头用来砸东西。

慢慢地，原始人摸索出了制造石头工具的方法，可以根据需要把一个石块磨成锋利的石刀，结实的石斧、石锤、石铲等工具，如图 1.2 所示。

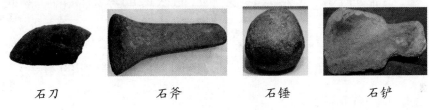

石刀　　　　　　石斧　　　　　　石锤　　　　　　石铲

图 1.2　原始人制作的石头工具

这些石头工具和我们平常使用的刀、斧头、锤子、铲子相比，真是太粗陋、太笨重了，但这是我们祖先最初的技术成果，表示他们已经有了制造工具的能力。

随着时间的推移，几百年、几千年、几万年、几十万年、几百万年过去了，原始人制作石头工具的手艺越来越熟练，不但能制作石锤、石斧等粗大的工具，他们还可以制作更精细的石针来缝制兽皮衣服，制作石刀来猎杀大型动物，制作石磨磨制食物，或者在石头中间挖个槽用来储存水……人们可以根据需要来制作各种石头工具。

工具的使用让人类祖先的生活得到了很大改善。

从最初发现石头的用途到使用石头工具、制造磨制各种石头工具，这个过程延续了上百万年左右，这段漫长的时间被称为石器时代。

在石器时代，原始人慢慢进化产生了简单的语言，开始使用语言交流；学会了使用火，开始吃熟的食物；学会了建造房子，由原始的山洞搬到自己建的房子里；开始驯养动物；开始种植谷物；开始制作简单的衣服，过上了比较安定的生活。

在石器时代，原始人告别了茹毛饮血的原始生活，从地球上的动物中脱颖而出，成为智人，开始了文明发展的进程。

在石器时代晚期，原始人不但会制作各种精细的石头工具，还学会了制作陶器。

1.2.2　陶器时代——人类学会了创造工具

请大家思考一个问题：原始人没有锅碗瓢盆，他们是如何煮饭、盛饭、煮汤、喝汤、喝水的呢？

原始人最初可能用各种天然的容器来盛装食物，比如把葫芦劈成两半就可以做成瓢（图1.3），一个完整的葫芦可以用来装水或其他液体；竹子也可以做成竹筒来盛装东西（图1.4）；还可以在石头中间挖个凹槽（图1.5），这样的石锅可以用来煮饭，但是这样的石锅非常重。

在原始人生活的过程中，也许有一天他们在用火（原始人也是无意中发现火的用途，后来逐渐学会了使用火）烧东西的时候，发现被火烧过的黏土又坚硬又结实。

图 1.3　葫芦瓢

图 1.4　竹筒

图 1.5　石锅

每次黏土被烧过后就会变硬，这样的事情发生多了，我们的祖先慢慢就知道了这是一个普遍的规律——黏土经过高温烧制后可以变硬、变结实。

他们开始尝试着将黏土制作成各种不同的形状，然后用火烧硬，以此作为容器，这就是最初的陶器。

一开始，人类制作的陶器非常简陋和粗笨，也不太结实，很容易被摔坏或者被烧坏。但是经过长期的摸索、探索，人类制作的陶器越来越结实、越来越精美。图 1.6 是原始人制作陶器的场景。

如果说石器工具是人类的制造成果，是通过改变石头的形状得到的，那么陶器则属于人类的创造成果，因为制作陶器是将一种材料（黏土加方解石）通过化学反应制作成另一种物品（陶器），形状和性质都发生了改变，这标志着人类的技术水平又提

升了一大步。❶

图 1.6　原始人在制作陶器（宜昌市博物馆展出模拟场景）

人类开始制作陶器大概发生在一万多年前。

考古表明，大概在一万年前，中国人已经可以制作耐高温的陶器了，有陶盆、陶碗、陶锅等。

这时候人类的生活方式已经发生了很大变化，很多人成了靠种植为主的农民，进入了农耕社会。

陶器是农耕社会的重要生活工具。

1.2.3　青铜器时代与铁器时代——冶金技术的发展

在长期制作陶器的过程中，人类发现有的矿石经过高温可

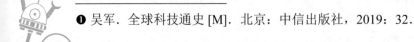

❶ 吴军. 全球科技通史 [M]. 北京：中信出版社，2019：32.

以提炼出铜、铁，而且这些高温提炼的铜和铁经过锻造后可以用来制作各种质地坚硬的工具、器皿、装饰品、兵器，这就是冶金技术。

在距今 5000 多年前，人类就已经开始制作各种青铜器了。

最初的青铜器比较简陋，随着技术越来越成熟，人类制作的青铜器也越来越精美。图 1.7 是中国古代制作的青铜器具。

图 1.7 中国古代青铜器

铜矿比较难找，所以青铜器比较珍贵。和青铜相比，铁的强度更高，而且很容易找到，但铁的制作工艺十分复杂，需要将冶炼炉的温度加热到 1300℃ 以上，还需要研究如何将铁从铁矿石中提炼出来。❶ 这些技术对于今天的工程师来说很简单，但是对于古人来讲非常复杂。

但越来越聪明的人类经过长期的摸索和尝试，在距今 3000 年左右掌握了冶铁技术，开始制作各种铁器。

---

❶ 吴军. 全球科技通史 [M]. 北京：中信出版社，2019：64.

铁可以制作成刀具，用来切菜、切肉、收割庄稼、砍伐树木、猎杀动物，还可以制作成武器，用在战争中；

铁可以制作成车轮和车子用来运输，也可以制作成战车；

铁可以制作成犁，用来犁地；

铁可以制作成锅，用来做饭；

……

总而言之，铁可以制作成各种各样的工具，给人类的生活带来很多方便。

虽然铁锅和陶锅看起来形状差不多，但是材料不一样，所以质量也不一样。陶锅容易裂、容易摔坏，但是铁锅很结实，不会裂，也不会摔坏，所以铁锅很快得到了普及，人类开始使用铁锅煮饭。

一直到现在，我们很多人家里还在用铁锅炒菜。人类生活中的很多用具都是用铁制造而成。

冶金技术的发展标志着人类的科学技术水平已经发展到了一定的高度。

此时，人类主要靠农业生存，种植谷物、饲养家畜，这些劳动都需要工具和技术。因此随着农业社会的发展，各种科学技术开始渐渐发展起来了。

比如修建房屋，房屋的位置如何选择，房屋需要修多长、多宽、多高，门的尺寸、窗户的尺寸，这个规划的过程涉及数学的使用；实施的过程需要使用很多材料和工具，涉及到很多技术的应用。

比如种植的时候，用什么工具犁地，什么时间开始播种最有利于谷物生长，采用什么样的种植方式可以收获更多的粮食，什么时候收割，如何把麦子和稻谷脱粒，用什么工具运回家，存储在什么地方不会腐烂，如何把它们做成可口的食物，这些也需要长期的探索，包含了很多技术和经验。

随着技术的慢慢发展，科学开始萌芽，人类发明了数字和进制。

1.2.4　数字和进制的发明——数学从这里开始

在人类生活的过程中，有时候需要统计东西的数量，比如小明向小王借了 12 个鸡蛋，该如何表示这个数字呢？

人类曾经通过给绳子打结来计数；人类也曾通过在骨头或者石头这样坚硬的物体上刻痕来计数，如图 1.8 所示。

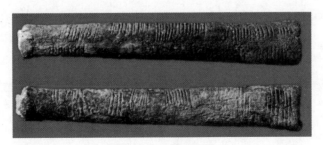

图 1.8　刻痕计数

当数字很大时，结绳计数和刻痕计数就不方便了。后来人类发明了计数的符号，用一些特定的符号来表示数字。

图 1.9 是古人曾经使用过的两种计数符号。

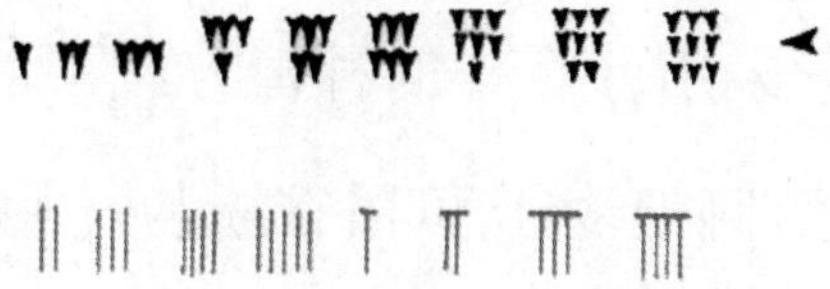

图 1.9　古人曾使用过的计数符号

同学们，你们知道图 1.9 里的符号代表哪些数字吗？

使用计数符号表示一些很大的数字时还是比较麻烦，聪明的人类后来发明出数字和进制。

我们现在所学习的数字"0，1，2，3，4，5，6，7，8，9"被称为阿拉伯数字，是由古印度人发明的，后来被世界上的绝大部分地区所使用。

阿拉伯数字只有 0 到 9 一共 10 个计数符号，无论多么大的数字都可以用这 10 个计数符号表示，每"满十就进一"，被称为十进制计数。

计数和数字是数学的基础，所以大家刚开始学习数学的时候总是从最简单的数数和认识数字开始。

这些看起来很简单的数字和进制其实是人类发展历史上一次非常重大的发明，它们是数学的基础，而数学又是所有科学的基础，所以数字和进制的发明其实是为所有的科学发展奠定了基础。

可能会有同学觉得很奇怪：我5岁就会数数和写数字了，这些简单的数字怎么会是所有科学的基础呢？

其实我们的祖先——那些远古的人类并不比我们现代社会5岁的小朋友更聪明，他们刚开始只会直观的形象思维，比如一个古人借了邻居5个鸡蛋，在石头上画了5道直线进行记录。等他下次还鸡蛋的时候，看到5道刻痕，就依次拿出和刻痕数一样的鸡蛋，还给邻居。

可是当他看到石头上写的是数字"5"，如果他之前没学习过数字，就不知道这个符号代表什么意思。

数字是一种抽象思维，每个数字代表几是发明数字的人规定的，其他人并不知道每个数字符号对应的是几，所以发明者需要对这些数字做好解释，还需要将这些知识讲解给其他人，只有懂了这些知识才能看懂数字、使用数字。

图1.10中的5条横线、5个鸡蛋是不是很直观、很形象？一看就明白了，这就是形象思维的特点。

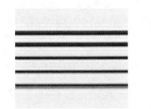

图1.10 5条横线、5个鸡蛋、数字5

但是数字5，只有学习过的人才能明白它是什么意思，它的含义是人类赋予的，这属于抽象思维。

数字和进制是人类应用抽象思维的发明成果，科学从这里开始发展。

1.2.5　文字的发明——文明开始被记载和传承

我们现在能够了解古代的很多事情，主要是因为古人留下了很多记录，比如李白写了一首诗《黄鹤楼送孟浩然之广陵》，通过这首诗我们能够了解到诗人李白和孟浩然是很好的朋友。孟浩然当年从黄鹤楼乘船去广陵，李白去给他送行，写了这首诗。

李白生活在一千多年前的唐朝，那时候文化发达，很多人写文章、写诗来记录发生的事情，官府还有专门整理资料的官员，所以给后人留下了很多宝贵的记录，我们通过这些记录能够了解到唐朝的很多事情。

可是我们对几万年之前发生的很多事情就不太清楚，因为那时候没有文字，古人没有办法完整地记录一件事情。

我们的祖先在几万年前是通过一些简单的绘画来记录一些事情的，如图 1.11 所示。

用绘画来记录事情比较麻烦，因为很多人不会绘画。而且有些事情比较复杂，比如人类的情感是无法用图画来准确表达的。

后来，人类为了记录更加方便快捷，用一些象形符号来表示。

图 1.12 就是一些象形符号。

图 1.11　古人的壁画记事

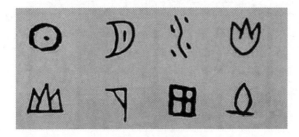

图 1.12　象形符号

象形符号慢慢地变化、简化成了文字。

世界上最早的文字记录大概出现在 5000 多年前的美索不达米亚。我们中国的汉字大概是在 3000 多年前出现的，图 1.13 是中国考古发掘出来的 3000 多年前的甲骨文记录。

甲骨文是中国留存下来的最早的文字记录。因为当时还没有纸张，所以这些象形文字是被刻在龟甲或者兽骨上的，称为甲骨文。

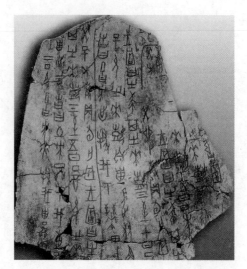

图 1.13　甲骨文

现在考古发掘出来的甲骨文和现代文字不太一样，因为人类在进化过程中，文字也在不断地发展和简化。

有了文字以后，会使用文字的人就可以记录发生过的事情，有些人还可以用文字抒发自己的感情，比如古代那些优美的诗词曲赋。

有了完整的文字记载，知识可以得到传播，人类的文明就可以一代一代地传承下来。

试想一下，如果没有文字记载，我们就不会知道历史上发生过那么多事情，更不知道李白、苏东坡写过哪些优美的诗词。

记载是一种信息传递，记载也是一种文明的传承。

中国的文字记载大概是从 3000 多年前的商朝开始的。更早的事情，因为没有记载，我们只能通过一些考古发掘的文物来猜测、推理和判断了。

1.2.6　科学的诞生——从技术发明到科学理论

人类早期的一些技术发明大都是在生活中发现了规律，然后经过长期积累、探索，发明出一些帮助生活的工具。这个过程很长，在上百万年的时间里，人类的进步很慢很慢。

知识小链接：

在现代社会，因为科学技术发展太快了，导致我们每一代人的生活环境和生活方式都有巨大差别。比如 40 年前，手机在国内还没有出现；20 年前，手机开始得到普及，但是不能联网；10 年前，智能手机开始普及，可以使用手机上网，但是还不能使用手机支付；现在手机支付几乎取代了现金支付。

但在人类发展的最初上百万年里，人类技术的发展速度非常非常缓慢，每一代人使用的工具都一样，每一代人的生活方式、吃的食物、用的工具、生活的环境都差不多。

为什么有些时候，爸爸妈妈会不理解我们呢？部分原因是他们小时候的成长环境和我们现在的成长环境完全不一样。

古代的人应该不存在"代沟"这样的问题，因为父母和孩子的成长环境变化并不大。

随着人类积累的知识越来越多，人类开始有意识地主动学习知识，探索自然奥秘，科学开始逐渐发展起来。

有学者认为人类历史上有四大文明古国，分别是古巴比伦、古埃及、古印度和中国。另外，古希腊也为人类科学文明的发展做出了重大贡献。

在 2000 多年前的希腊，有一群伟大的智者，他们奠定了人类科学文明的基础。我们一起来认识一下他们吧！

1．泰勒斯（约公元前 624 年—公元前 547 或 546 年）

泰勒斯是古希腊及西方第一个自然科学家和哲学家，他提出了"世界的本原是什么"，试图从科学理性的角度来观察和解释世界。

泰勒斯也是一个数学家，他引入了命题证明的思想，让数学构成一个严密的体系，为数学的进一步发展打下基础。

泰勒斯在平面几何学方面也做出了很大贡献，发现了直径平分圆周、三角形两等边对等角、两条直线相交则对顶角相等几何定理。

泰勒斯利用太阳的影子来测量金字塔的高度，准确地预测了公元前 585 年发生的日食，他还将一年的长度修定为 365 日。

因为泰勒斯对科学和哲学做出了重大贡献，被称为"科学和哲学之祖"。

2．毕达哥拉斯（约公元前 570 年—约公元前 495 年）

毕达哥拉斯是古希腊数学家、哲学家。

毕达哥拉斯对数学做出了最大贡献，证明了勾股定理，他将自然数区分为奇数、偶数、素数、完全数、平方数这些概念，现在依然还在使用这些概念，我们的课本中还有这些知识。

毕达哥拉斯的科学思想奠定了后世科学研究的方法，形成了古希腊的科学体系。

3. 欧几里得（约公元前 330 年—公元前 275 年）

欧几里得是古希腊数学家，被称为"几何之父"。他最著名的著作《几何原本》是欧洲数学的基础，奠定了几何学的基础。

《几何原本》被认为是历史上最成功的教科书，直到今天还有很多读者。

4. 亚里士多德（公元前 384 年—公元前 322 年）

亚里士多德是古希腊伟大的哲学家、科学家和教育家。

我们在物理学中所学习的概念，如密度、温度、速度都是亚里士多德提出来的。

亚里士多德为后世留下了很多著作，被称为"百科全书式的科学家"。

5. 阿基米德（公元前 287 年—公元前 212 年）

阿基米德是伟大的古希腊哲学家、科学家、数学家、物理学家、力学家，被称为"力学之父"。

阿基米德将数学引入物理学，促进了物理学研究的发展，他发现浮力定理、杠杆原理，给出了几何体表面积和体积的计算方法。

在天文学方面，阿基米德发展了天文学测量用的十字测角器，并制成了一架测算太阳对向地球角度的仪器。

阿基米德运用水力制作一座天象仪，球面上有日、月、星辰、五大行星。根据记载，这个天象仪不但运行精确，连何时会发生月食、日食都能加以预测。

阿基米德利用他掌握的科学知识，发明了很多实用的机械用具，比如阿基米德螺旋提水器、举重滑轮、灌地机、扬水机以及军事上用的抛石机等。

注：有一天阿基米德在久旱的尼罗河边散步，看到农民提水浇地相当费力，经过思考之后他发明了一种利用螺旋作用在水管里旋转而把水吸上来的工具，后世的人把这个吸水的工具称为"阿基米德螺旋提水器"。这是历史上第一个将水从低处传往高处的抽水机，大大节省了人上下跑动来运水的时间，也省力，是一种用于农业灌溉的机械。

阿基米德曾经说过一句广为人知的话："给我一个支点，我就能撬起整个地球。"这句话表示即使是很重的东西，只要使用足够长的杠杆，都可以撬动起来。

同学们可以做一个实验，你和大人玩跷跷板的时候，因为大人比你重，所以大人很容易把你跷起来，下次你让大人靠近中心点坐，你远离中心点坐，你也可以将大人跷起来，如图1.14所示。

无论对方有多重，只要跷跷板足够长，你就可以将对方跷起来，这就是杠杆原理。

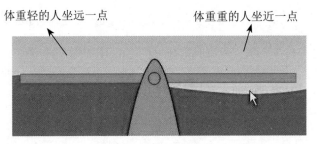

体重轻的人坐远一点　　　体重重的人坐近一点

图 1.14　杠杆原理

关于阿基米德的有趣传说还有很多，大家也可以自己上网查阅。

以上所讲的是最知名的五位古希腊伟大哲人，除了他们之外，古希腊还有很多为科学发展做出伟大贡献的科学家，比如柏拉图、喜帕恰斯、托勒密……

这些伟大的智者总结了前人的生活经验和智慧，做出了很多科学研究，得到了很多科学原理，奠定了科学的基础，打开了科学的大门。

1.2.7　纸张的发明——文明有了载体

同学们思考这样一个问题：如果你掌握了一个别人不知道的知识，你想把这个知识告诉更多的人，可以通过哪些方式去传播呢？

在没有文字的年代，远古的人类传播信息只能通过口口相传，或者将信息画出来。口口相传很慢，传播的范围也很小。普通人很难通过绘画准确表达自己的意思。

但是在很长一段时间里，人类只能通过这样的方式传播信息。

后来有了文字，人们就在石头、龟甲、骨头、竹简上刻字记录信息、传播知识，所以中国古代有甲骨文、竹简，如图 1.15 所示。

图 1.15　竹简

国外有些地方的古人把胶泥（一种泥土，可以捏塑成各种形状）做成方方正正的平板，在上面写字，这种泥板叫胶泥板，如图 1.16 所示。

图 1.16　胶泥板

竹简和胶泥板都很重，携带不方便，运送也很麻烦。人类一直在寻找和发明一种比较轻便又便宜的载体，在大概 2000 年前的中国汉朝，有一个叫蔡伦（图 1.17）的人发明出了便宜又好用的纸张，主要原料是树皮、破麻布等常见的材料，制作过程如图 1.18 所示。

图 1.17　蔡伦画像

因为树皮、麻布都是很常见的东西，所以蔡伦造的纸很便宜，很快普及开来。

自从有了蔡伦发明的造纸术，书籍不再昂贵，普通人也能买得起书，知识开始普及。

大约在 1200 年前，中国的造纸术传到了国外，促进了国外的知识普及和文化发展，这是中国对世界文明发展做出的重大贡献。

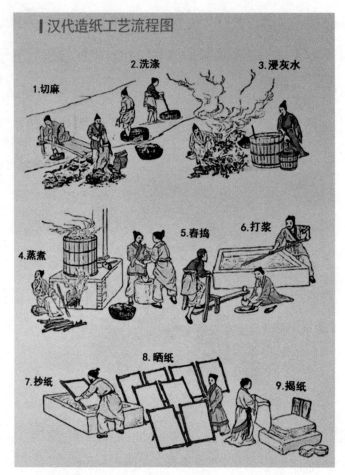

图 1.18　汉代造纸流程（陕西历史博物馆展览）

1.2.8　印刷术的发明——促进了知识的快速传播

古代的书都是人们抄出来的。如果你想要一本书，你可以去买别人抄好的，你也可以借别人的书来抄。所以，古代有一种职业叫抄书匠，他的工作内容就是抄书，抄出来的书装订好就可以卖了。

官府也有专门的抄书匠，他们的工作就是抄写官府的各种文件，或是抄写一些经典的书用来收藏。

抄书很累，而且一不小心可能就抄错了，即使检查几遍也难免有出错的地方，效率很低。

所以，虽然有了纸，但是如果想印一万本书，依然是一件巨大的工程。

印刷术的出现解决了这个问题。

在大约 1500 年前的中国隋唐时代，出现了雕版印刷术。

雕版印刷，就是将书上的每页字反过来刻在大木板上，也可以在雕版上刻画，如图 1.19 所示。然后在木板上刷上墨，将纸张压在雕好字的木板上，压平以后揭下来，一页字就印刷好了。

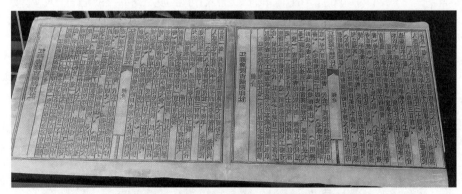

图 1.19　刻好字的雕版（扬州中国雕版印刷博物馆展示）

一本书通过这样的方式刻好后，就可以反复使用，像复印一样方便。这样印刷是不是比抄写快多了！

用雕版印刷术来印书比抄书方便快捷许多。不过一旦刻错一个字，整块板子只好报废，需要重新刻。

时间来到了 1000 年前的北宋，一个叫毕昇（图 1.20）的工匠发明了活字印刷术。

图 1.20　毕昇的雕像

毕昇用胶泥做成一个个规格一致的方块体，在一端刻上反体单字，字划突起的高度像铜钱边缘的厚度一样，然后用火烧硬，成为单个的胶泥活字（图 1.21）。

图 1.21　胶泥活字

排字的时候，用一块带框的铁板作底托，上面敷一层药剂，然后把需要的胶泥活字拣出来一个个排进框内。排满一框就成为一版，再用火烘烤，等药剂融化，用一块平板把字面压平，等到药剂冷却凝固后，就成为版型。

印刷的时候，只要在版型上刷上墨，覆上纸，加一定的压力，揭开后就是一页印好字的纸。需要印多少本书，就可以用这样的方法印出来。

一个版型用好以后，用火把药剂烤化，用手轻轻一抖，活字就可以从铁板上脱落下来，再按韵放回原来木格里，以备下次再用。

活字印刷术和雕版印刷术的原理是一样的，只是活字印刷术更加方便快捷。

思考：常用的汉字有三千多个，请你想一想如何有效地整理、组织这些胶泥活字，从而能够快速从一堆胶泥活字中找到需要的字呢？

雕版印刷术和活字印刷术的发明让书籍的复制更加方便，书籍制作的成本降低，知识传播的速度大大加快，普通人有了更多学习的机会，普通人也可以通过读书改变命运。

中国的活字印刷术在500多年前传到了欧洲，并迅速在欧洲得到了推广普及，欧洲的图书数量迅速增加，促进了欧洲文明的发展，欧洲进入科学技术大爆发阶段，推动了人类近代科学技术的发展。

1.2.9　近代科学的发展——人类科技文明开始进入快速发展阶段

400多年前，欧洲迎来了科学成就大爆发的时代，我们在中学学习的大部分科学知识，包括数学、物理、化学、生理学、天文学知识都是来源于那个时候科学家的研究成果。

下面，我们通过介绍几个著名的科学家来回顾一下那个时代的辉煌成果。

1. 提出科学研究方法论的笛卡儿（1596—1650年）

勒内·笛卡儿（Rene Descartes）是法国著名数学家，同时他还是物理学家和哲学家，被认为是解析几何之父（图1.22）。

图1.22　笛卡儿

笛卡儿最伟大的贡献之一是提出了科学方法论。科学方法论包括四个步骤：

第一，不接受任何我自己不清楚的真理。就是说只要没有经过自己切身体会的问题，不管有什么权威的结论，都可以怀疑。这就是著名的"怀疑一切"理论。

第二，把要研究的复杂问题尽量分解为多个比较简单的小问题，一个一个地分开解决。

第三，小问题从简单到复杂排列，先从容易解决的问题着手。

第四，问题解决后，再综合起来检验，看是否完全、彻底地解决了。

这套科学研究方法特别有用，后来的很多科学家都遵循这个方法去研究，从而提高了科学研究的效率。

笛卡儿的科学方法论不但适用于科学研究，生活中、工作中、学习中的很多问题都可以用这个方法论来解决。

2. 近代医学的开创者——威廉·哈维（1578—1657 年）

威谦·哈维（William Harvey）是英国著名的生理学家和医生（图 1.23）。他发现了血液循环的规律和心脏的功能，为近现代医学发展做出了重要贡献。

从哈维开始，经过很多医学家的努力，人类才搞清楚了人体的结构和各个器官的功能，并且搞懂了很多疾病的原因，找到了大部分常见病的治疗方法，从此以后，人类的寿命开始得到延长。

图 1.23　威廉·哈维

3. 人类历史上最伟大的科学家——牛顿（1643—1727 年）

艾萨克·牛顿（Isaac Newton）是英国著名科学家，也是人类历史上最伟大的科学家之一。他还是著名数学家、物理学家，在哲学、经济学领域也有重大贡献（图 1.24）。

图 1.24　牛顿

在数学方面，牛顿发明的微积分是今天高等数学的基础。

在物理学方面，牛顿是经典力学的奠基人，他的力学三定律是力学的基础。

在光学方面，牛顿提出了光的微粒说。

在天文学方面，牛顿通过万有引力定律阐释了宇宙中日月星辰运行的规律。

……

如果牛顿的时代有诺贝尔奖的话，牛顿的很多成果都可以获得诺贝尔奖。

上面这些成果，同学们可能不明白是什么，因为这些科学知识有的在高中、大学才能学到。

不懂也没关系，我们介绍这么多，就是想让大家明白，牛顿在很多领域都取得了非凡的成就，他为我们今天的科学技术发展做出了巨大的贡献。

4. 化学学科的奠基人——拉瓦锡（1743—1794 年）

安托万 - 洛朗·德·拉瓦锡（Antoine-Laurent de Lavoisier）是法国著名化学家，他发现了空气中的氧气，提出了氧气助燃的学说，证实并确立了质量守恒定律，制定了化学物质的命名原则（图 1.25）。

拉瓦锡建立起了化学体系，发表了《化学基础论》，把化学作为一门独立的学科确定了下来。

拉瓦锡被誉为"化学界的牛顿""现代化学之父"。

图 1.25　拉瓦锡

以上只介绍了四位最知名的科学家，在 17—18 世纪的欧洲，科学得到了蓬勃发展，涌现出了很多科学家，现代物理学、天文学、数学、化学、医学等学科体系都是在那个时候建立的。

科学的发展促进了技术的进步，技术的进步促进了社会的变革和经济的繁荣，带来了一场影响人类历史的技术革命——工业革命。

人类科学技术文明从这个时候开始进入快速发展阶段。

1.2.10　第一次工业革命——蒸汽机带领人类进入机械时代

在工业革命之前，人类劳动主要靠自己的力气，力气大就能干很多活，比如拉车、种地、搬运东西……

聪明的人类还驯服了牛、马、驴这些动物帮自己干活，让牛犁地、让马拉车、让驴拉磨、让狗看家。

人和牲畜的力气毕竟有限，在漫长的人类发展岁月里，一个人种的粮食只够几个人吃，一个女人织的布也只够几个人穿用，所以绝大多数人吃得不太好，穿得也不是很好，生活水平很低。

科学的发展促进了技术的进步，牛顿等科学家已经研究出了很多科学原理，一批发明家利用这些科学原理发明出了很多机械工具，用机器取代人力、畜力，比如机械的纺纱机可以代替人工来纺线、蒸汽机车代替了马车等，这一场技术升级改革被称为工业革命。

工业革命主要发生在英国，后来渐渐在整个欧洲和美国发展起来。

工业革命最重要的标志是蒸汽机的发明。

当家里的水壶或者汤锅里的水烧开以后，我们可以看到水壶的壶盖或者汤锅的锅盖被沸腾的水蒸气顶得不停地跳动，这就是蒸汽的力量。

蒸汽机里需要一个使水沸腾产生高压蒸汽的锅炉，这个锅炉可以使用木头、煤、石油或天然气甚至可燃垃圾作为热源。蒸汽膨胀推动活塞运动，从而代替人力（或畜力）驱动机器工作。

英国发明家瓦特改进了传统的蒸汽机，让蒸汽机可以用在很多领域，比如采矿业、冶炼业、纺织业、机器制造等领域。使用蒸汽机作为动力的还有蒸汽船、蒸汽火车。大多数需要人力（或畜力）的场合，都可以使用蒸汽机来代替。

图 1.26 所示的是一个蒸汽机模型。

图 1.26　蒸汽机模型

瓦特改良的蒸汽机给人类带来了新的动力来源，从此人类进入了以蒸汽为动力的机械时代。

机械力比人力更加高效，比如蒸汽火车比人力拉车或者马拉车跑得更快、更远，载的人更多。

机械的使用提高了各个行业的效率，很多发明家开始投入到这场改革之中，不断发明出各种各样的机械产品来代替传统的手工劳动。

工业革命的主要发生地——英国开始迅速发展起来，因为机器生产代替手工生产，所以能够在相同的时间内生产出更多的产品，这些产品销往世界各地，给英国带来了大量的财富。

经济的繁荣也促进了教育的发展、军事的发展、国力的提升，英国很快成为世界上最强大的国家。

受到工业革命影响的美国、德国、法国也纷纷崛起，都成为了世界强国之一。

第一次工业革命是一次技术革命，大概是从 1760 年开始，持续了七八十年。在这段时间内，科学领域也在发展并取得了很大进步，很多科学家在电学、热力学、细胞学说等科学领域取得了巨大成就。

其中电的发明和使用带来了第二次工业革命。

1.2.11 第二次工业革命——电带领人类进入电气时代

在人类存在的很多年里，当出现雷雨天气，闪电划过天空的时候，我们的祖先认为那是天公在发怒，当有人被雷电击伤或者致死的时候，人们认为这个人肯定做了坏事，遭了报应。因为那时候的人类不懂科学知识，缺少对自然现象的了解。

直到近代社会，科学家通过实验才了解到雷电的原理。

1752 年，美国科学家富兰克林做了一个很有名的雷电实验，他和他的儿子在雷雨天气放了一个风筝，并且在风筝线靠近地面的一端系了一把铜钥匙(铜可以导电)。当闪电划过天空的时候，富兰克林用手摸了一把铜钥匙，立即感到全身一阵可怕的麻木感(电击的感觉)。他将雷电引入莱顿瓶中存储起来，并且用这个雷电做了很多电的实验，还将实验结果写成一篇论文发表出来。

提醒：同学们不能像富兰克林这样做实验，因为会有生命危险。

富兰克林对电学的发展做出了很大贡献，他还发明了避雷针，用来保护建筑物、高大树木等，避免这些物体被雷击。

除了雷电之外，两种物体摩擦也可以产生静电，比如玻璃棒和丝绸摩擦、毛皮和琥珀摩擦、衣服和头发摩擦等都会产生静电。

除了自然界的电，科学家还研究出了发电的方法，发明了电池、发电机，电作为一种能源，被用在越来越多的领域。

电的广泛使用引起了第二次工业革命。

美国的经济在第二次工业革命期间得到快速发展，美国超越了英国成为世界强国。

爱迪生是我们经常听到的名字，是人类历史上最伟大的发明家之一，他的发明产品大都和电有关，很多发明都对世界产生了深远影响，被誉为"世界发明大王"(图1.27)。他最有名的发明就是电灯，电灯的出现让世界从此变得更加光明。他还发明了留声机、电影放映机等，这些产品都对世人的生活产生了很大影响。

图 1.27　爱迪生

人类使用电改造了生活的方方面面，并产生了很多以前没有的新产品，带来了人类生活的新变化。

比如电梯的出现让城市出现了更多的摩天大楼，城市的规模越来越大；电车的出现让交通出行更加便捷；电报的发明让人们可以实现远距离快速的文字通信；电话的发明让人们实现了远距离语音通信；电饭煲、电磁炉、电视、洗衣机等生活用品的发明让人们的生活更加便捷；工厂里的很多机器都是使用电来驱动的，工作效率更加高效。

如果全球停电三天，将会造成很多灾难，城市里的人们几乎无法生活，工厂将停工……

可是在 300 年前，没有电的时代，人们生活得好好的。因此可以说，自从有了电，它逐渐成为我们生活中不能缺少的存在，电全面改变了人类的生活。

在第二次工业革命期间，人类还发明了汽车、飞机等交通工具，发明了抗生素延长了人类的寿命，人类的科学技术开始进入到了加速发展的阶段。

1944年，电子计算机的发明拉开了第三次工业革命——信息革命的序幕。

1.2.12 第三次工业革命——计算机带领人类进入信息时代

1943年，第二次世界大战期间，如何准确地命中目标是一个非常复杂的数学计算问题。美国政府需要发明一个能够自动、快速计算的机器，用来计算导弹轨迹这样的复杂数学问题。因为人工完成这样的数学计算需要太长的时间了。

1946年，在美国的宾夕法尼亚大学，一台名为ENIAC的计算机（图1.28）被研制出来，这是世界上第一台计算机，重30吨（有七八头大象那么重），占地160多平方米，每秒可以计算5000次，远远超过人脑。这台计算机又称为电脑。

随着电子技术的发展，在科学家的不断研究下，计算机的体积变得越来越小，速度越来越快，终于成了我们现在使用的电脑一样大小。

图 1.28　世界上第一台计算机

图 1.29 显示了电脑外观上的发展变化过程。随着体积的逐渐变小，速度越来越快，功能越来越强。

现在的电脑每秒计算的次数已经高达亿次（不同类型的电脑，计算的速度不一样）。

计算机最初的目的仅仅是实现数学计算，而且是用在科学领域。但后来它的功能越来越强，逐渐开始用在工业领域。

大概从四十年前开始，计算机进入了普通人的家庭，人们用它来玩游戏、看视频、工作等。

渐渐地，计算机已经成为我们工作和生活中不可缺少的一部分。现在，几乎每个家庭、每个公司、每个工厂都需要使用计算机，它既可以给我们提供好玩的游戏和好看的电影、动画片，还可以控制工厂的机器，让机器根据计算机发出的指令来工作。

图 1.29 计算机的体积越来越小，功能越来越强大

1969 年，有科学家将几个电脑连在一起形成计算机网络，人们可以在一台电脑上发送信息给网络上的另一台电脑，非常方便。

后来这个网络连接的计算机越来越多，最后将全世界的计算机都连成了网络，形成了互联网。图 1.30 是计算机网络的连接示意图。

有了互联网以后，人们可以通过网络给朋友发送邮件、通过网络聊天、通过网络看新闻、通过网络看视频，人们虽然生活在地球上的不同国家，但是可以随时通过网络来交流和沟通。

网络拉近了人类的距离，地球被亲切地称为地球村。

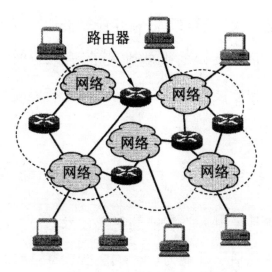

图 1.30 计算机网络示意图

最初的网络是通过网线进行连接的，称为有线网；后来网络不再通过有线连接，而是通过看不见的无线信号相连接，称为无线网。

计算机和网络改变了我们的生活方式，我们不需要出门就可以和朋友聊天，不需要逛超市就可以在网络上买任何想要的东西，有的人甚至可以在家里通过网络来工作。

以前我们出门需要带钱，但是现在我们只要打开手机就可以支付；以前我们只能看纸质书，现在很多人只看电子书；以前我们去邮局给朋友寄信，现在可以随时在网络上和朋友聊天；以前我们去饭店吃饭，现在在家就可以点外卖；以前我们迷路了需要找人问路，现在只需要打开手机定位和导航就可以帮我们找到目的地……

信息时代极大地改变了人们的工作和生活方式，现在无论是工厂生产还是个人生活都无法离开计算机和互联网。

信息时代发展到巅峰时期就进入了智能时代，智能时代的核心技术是人工智能技术，那么什么是人工智能呢？

1.3 智能时代——人工智能是什么

人工智能就是模拟人类智能的科学技术。

人类的智能包括识别能力、理解能力、表达能力、计算能力、思考能力、规划能力、执行能力等。

现在很多高档小区门口都有人脸识别机器（图1.31），人只要把脸对准它，它就能识别出来这个人是否是这个小区的住户。这个人脸识别机器就是模仿我们人类的视觉识别能力，它能够"认识"你。

家里的智能音箱（图1.32）可以和我们对话，它能够"理解"指令，比如对它说"请播放《小星星》"，它会通过网络自动搜索出歌曲《小星星》并播放。如果问它"明天天气怎么样？"，它也会从网络中搜索出数据并语音回答"明天天气晴，气温……"。智能音箱模拟的就是人类的语音识别能力、理解能力、语言表达能力。

家里的扫地机器人也是一种人工智能产品，如图1.33所示。它能够根据每个人家里的家居布置来规划扫地路径，它主要模拟了人类的计算能力、思维判断能力（规划路径），然后还模拟了人类的劳动过程。

图 1.31　人脸识别机器

图 1.32　智能音箱

图 1.33　扫地机器人

　　在很多工厂，采用人工智能技术的工业机器人已经可以代替人类从事很多工作，比如在汽车制造工厂，机器人可以切割、焊接、喷漆、组装；在物流公司，机器人可以分拣、打包、贴标签、运送货物；在无人银行，机器人客服可以引导我们进行各种交易。

机器人能够像人一样思考问题、解决问题，能够像人一样工作，所以它被称为智能机器。

有专家认为，人工智能技术将带来人类的第四次工业革命，即智能革命。机器人将代替人类去做人类不能做的工作或者人类不想做的工作，而且越来越多的人工智能产品将帮助人类更好地工作和生活，我们将迎来一个新的时代——智能时代。

本 章 小 结

几十万年前，我们的祖先只会使用石头作为工具，那个时代叫石器时代；几万年前，人类学会了将黏土制作成各种陶器，人类有了创造能力，这是陶器时代；七八千年前，人类开始锻造青铜和铁器作为工具，称为青铜器时代、铁器时代；两百多年前，人类开始使用蒸汽机作为动力设计各种机械用具来代替很多传统手工劳作，那个时代称为蒸汽时代；一百多年前，人类开始使用电作为动力驱动机器工作，人类进入电气时代；几十年前，计算机和互联网的发明让人类进入了信息时代;现在，我们进入了智能时代，人工智能技术将影响人类的未来。

第❷章　人工智能技术的起源
——从计算机开始

导读

　　没有计算机的发明就不会有人工智能技术的发展，计算机技术是人工智能技术发展的基础，计算机是人工智能系统的大脑。在各种人工智能系统中都要使用计算机来进行运算、推理、判断。

　　从第 2 章开始，我们学习计算机的知识。

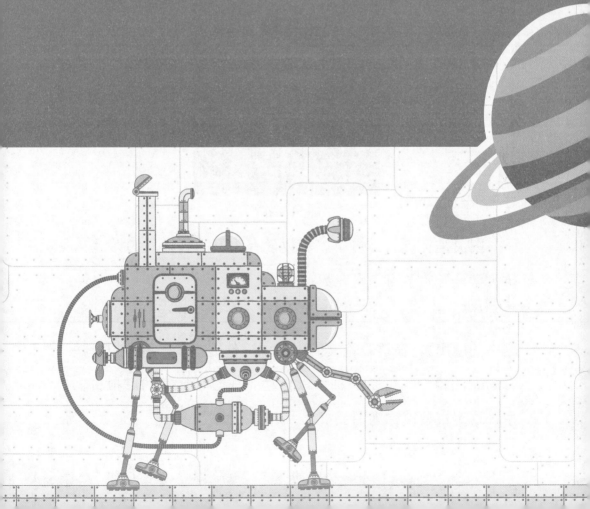

2.1 计算机和人工智能的起源

2.1.1 计算机和人工智能之父——图灵

提到计算机和人工智能，就必须介绍著名的数学家、逻辑学家——艾伦·麦席森·图灵（Alan Mathison Turing），他被后世称为"计算机科学之父""人工智能之父"（图 2.1）。

图 2.1　图灵

图灵是英国人，自小就对数学有浓厚的兴趣。19 岁考入剑桥大学，开始学习、研究数学。

1936 年，24 岁的图灵写了一篇论文《论数字计算在决断难题中的应用》。在这篇论文的附录中，他提出了一种可以解决计算问题的模型，就是一种可以自动完成数学运算的虚拟机器模型，这个模型被称为图灵机。

后来，科学家基于图灵机理论，经过近十年的研究，在1946年发明了世界上第一台计算机。

虽然计算机不是图灵发明的，但是图灵的理论研究是计算机发明的基础，所以，图灵被称为"计算机科学之父"。

1950年，38岁的图灵提出了机器思维的问题，他的论文《计算机器和智能》提出了智能的概念，并且提出了著名的"图灵测试"。

图灵关于智能的思想是人工智能的直接起源之一，越来越多的科学家开始研究人工智能，图灵测试也是人工智能领域一个非常有影响力的测试。因此，图灵又被称为"人工智能之父"。

2.1.2 图灵测试

图灵测试用来测试一台机器是否具有人工智能，这个机器既可以是硬件，也可以是软件。

图灵测试的过程是这样的：

让一台机器与人类展开对话（提问者通过文字、语音或者其他方式和机器对话）。双方分隔开，人类并不知道对话的是人还是机器。

提问者向机器随意提问，经过多次测试，如果有超过30%的提问者认为回答问题的是人而不是机器，那么这台机器就算通过测试，被认为是具有智能的。

图灵测试没有规定问题的范围和提问的标准，可以随便提问，所以这是一场难度很高的测试。

试想一想，如果我们要面对一场面试，面试的老师可以随意提问各种问题，我们能保证自己通过考试吗？即使最聪明的人也不敢保证自己能回答出所有的问题，所以图灵测试真的很难。在图灵测试提出后的几十年时间里，都没有机器通过测试。

直到2014年，一台计算机（是一个聊天机器人软件，一个电脑程序）成功地让测试人员相信它是一个13岁的男孩，成为有史以来首台通过图灵测试的人工智能产品。这被认为是人工智能发展史上的一个里程碑事件。

小实验：来一次图灵测试

如果你家里有智能音箱（有语音对话功能的智能手机也可以），可以来模拟一次图灵测试。

把智能音箱（或者智能手机）放在一个房间里，把门关起来（可以虚掩起来，要保证门里门外可以对话，但是外面的人又看不见房间里面是什么）。

你邀请10个同学来进行这次测试，同学们并不知道在房间里的是人还是机器，让他们对着门内进行提问，智能音箱（或者智能手机）会回答他们的问题。

如果10个同学中有3个人认为在房间里的是人，那么你家里的智能音箱（或者智能手机）就是真正具有智能的。

2.1.3 计算机的工作原理

计算机的工作原理可以用八个字概括：**存储程序、程序控制**。

存储程序指的是将解决问题的步骤编写成程序，并把程序存放在计算机的存储器中，存储器每个单元都有地址编号。

程序控制指的是当程序运行的时候，控制器按地址顺序取出存放在存储器中的指令，然后分析指令、执行指令，完成相应的控制功能。

存储程序和程序控制可以概括为"**存储程序控制**"，这个原理是计算机科学家约翰·冯·诺依曼（John Von Neumann）提出来的，所以又称为冯·诺依曼原理。

要想实现存储程序控制，需要解决以下问题：

（1）如何输入程序？

计算机需要有输入设备，比如键盘，可以使用键盘输入程序。

（2）程序的运行结果如何显示？

计算机需要有输出设备，比如显示器，用来显示结果；音箱，用来输出声音。

（3）程序被存储在哪里？

计算机需要有存储器，用来存储程序和运算结果。存储器中有很多存储单元，每个存储单元都有地址编号。

（4）哪个部件用来控制、协调整个操作过程？

计算机需要有控制器，它负责管理、控制、协调整个执行过程。

（5）哪个部件能够执行复杂的运算过程？

计算机需要有运算器，用来执行所有的运算。

上面提到的输入设备、输出设备、存储器、控制器、运算器就是计算机硬件的五大组成部分。除了这五个主要组成部分，构成一台完整的计算机硬件系统还需要一些相关的配件，比如主板、机箱、显卡等，本书 2.2 节将对计算机的硬件构成进行详细讲解。

2.1.4　人工智能的工作原理

人工智能技术是计算机技术的升级，所以人工智能的工作原理和计算机的工作原理差不多，也是由存储程序来实现控制的。

一个人工智能系统也同样需要输入设备、输出设备、存储器、控制器和运算器。但人工智能系统在计算机系统的基础上又实现了升级。

1. 输入设备的升级

计算机系统的主要输入设备是键盘（输入字符）、鼠标（输入位置）或者麦克风（输入声音）、摄像头（输入图片、视频）。有的输入过程需要人来操作，比如打字、对着麦克风说话。

人工智能系统的主要输入设备是各种传感器，这些传感器主动收集信息，不需要人来控制，比如：

- 智能产品中的声音传感器能够接收到各种声音信号；
- 扫地机器人中的超声波传感器和红外测距传感器能够测量距离，从而根据距离来规划扫地路径；
- 智能空调中的温度传感器能够自动捕获房间温度。

一个智能系统中的传感器是实现自动检测和自动控制的首要环节。传感器就像人的感觉器官一样，模仿的是人类的视觉、触觉、听觉、味觉等功能。

人只要是健康的、清醒的，感觉器官就一直在工作，随时获取外部信息。有传感器的智能系统也能够随时捕获信息，根据传感器接收到的信息做出反应，这是实现智能的重要条件。

2．输出设备的升级

计算机系统的主要输出设备是显示器、音箱、打印机，用来输出图形、视频、声音、文字等。

有些人工智能产品有上面这些输出设备，但有的人工智能产品的输出有时是一种动作，比如扫地机器人在工作，就是输出；有时是一种自动控制，比如智能空调自动调节温度，也是输出；无人驾驶汽车遇到障碍会自动刹车，也是一种输出……

人工智能产品的输出是模仿人类的工作，或者对外界信息的反应。

3．存储器的升级

传统的计算机是将内容存储到计算机自身的存储器中。但在人工智能系统中，传感器采集的数据大都是上传到"云端"的，即上传到网络端。

将采集到的数据不存在本地（本地指的是这台设备），而是上传到云端。这样做的一个好处是设备不需要带一个很大的存储器，减少设备的体积和成本；数据的分析处理过程也不在本地进行，而是通过网络在"云端"进行，运算结果通过网络传回到本地。

所以，当家里的智能音箱和网络断开后，它就不能正常使用了。

4. 控制器和运算器的升级

像存储器一样，控制器和运算器也可以不在本地，控制器和运算器可能是网络上的一台服务器（服务器是一种功能比普通计算机强大的计算机）。

因为人工智能系统中的计算非常复杂，对硬件的要求很高。如果每一台人工智能设备都自带高性能的控制器和运算器，则会极大地提高成本，所以可以通过网络共享控制器和运算器。

通过上面的分析可以发现，很多人工智能机器主要负责输入（数据采集）和输出（给出结果），它的存储中心、控制中心和运算中心都在云端。

那么，人工智能技术和计算机技术的主要区别在哪里呢？

计算机最初的功能只是实现各种复杂的数学计算，所以一开始只能处理数字问题。随着计算机的功能越来越强,文字、图片、声音、视频都可以转换成数字形式由计算机来处理。

后来,科学家开始思考,如何让计算机像人一样能够"看懂""听懂""会思考""会判断""会说话""会行动""会工作"……,这就是人工智能技术。

所以说,人工智能技术是伴随着计算机技术的发展而发展起来的,人工智能技术是建立在计算机技术基础之上的。

就像计算机系统一样,人工智能系统的核心仍然是对数据进行运算处理,只是现在处理的规模更大,处理的能力更强,越来越接近人类的智能了,甚至在某些方面已经超越了人类智能。

2.1.5　计算机系统(或者人工智能系统)的构成

一个完整的计算机系统或是人工智能系统,都是由硬件部分和软件部分构成。手可以触摸到的是计算机的硬件部分,你可以摸摸显示器、键盘、鼠标,这些看得见、摸得着的部分就是硬件。

打开机器,可以看到屏幕上有很多图标,每一个图标所对应的都是软件,如图 2.2 所示。

有的软件可以播放音乐,有的软件可以播放视频,有的软件可以购物,有的软件可以玩游戏,有的软件可以聊天,有的软件可以美化图片……,每个软件都有它的功能。

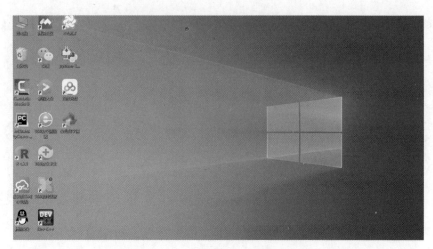

图 2.2　计算机中安装的各种软件

　　硬件是软件工作的平台，软件工作在硬件的基础之上，不同的软件满足不同类型用户的需求。

　　没有硬件，软件无法存在；没有软件，硬件几乎实现不了任何功能。所以，硬件和软件是相互依存的。

　　其实，我们每个人也都是由硬件和软件组成的。我们的身体就是硬件，包括头、脖子、手、胳膊、腿、脚、耳鼻口眼、五脏六腑……，都是硬件。我们的知识、修养、谈吐、思想，这些都是软件。

2.2　硬　　件

2.2.1　输出设备

　　输出设备的主要作用是用来展示操作的结果，比如音箱用来播放你选择的音乐；打印机用来打印显示你需要的文档；显示器是很多电子产品重要的输出设备，能让我们清楚地看到自己在干什么。

因为显示器是绝大多数智能产品重要的组成部分，下面主要介绍一下显示器：

显示器就是一个屏幕，它的作用就是用来显示，比如显示播放的电影、显示打开的图片、显示玩的游戏、显示计算的结果……

如果没有显示器，计算机也是可以正常工作的，比如播放电影的时候把显示器关了，其实电影还在继续播放，但是看不见。

1946 年被发明出来的第一台计算机没有显示器，它的计算结果都是通过纸带（纸带就是长长的纸条）打印出来的。

如果计算机的功能只有计算，计算结果通过纸带打印出来，这样的设计也是可以接受的。

但当计算机的功能越来越丰富，计算机用户需要通过一个屏幕来浏览计算机里的内容，所以计算机开始配置了显示器。

最初的显示器又笨又重，像图 2.3 中的计算机显示器叫 CRT 显示器，当时很受欢迎，因为大家终于可以看到输入的内容和输出的结果了。

图 2.3　CRT 显示器

随着技术的发展，到了 1990 年以后，市场上慢慢出现了像图 2.4 那样的显示器，它体积轻薄，显示的清晰度也很高，这种显示器叫 LCD 显示器（又叫液晶显示器）。

图 2.4　液晶显示器

我们使用的笔记本电脑、平板电脑、手机的屏幕都是液晶显示器。

最近几年，出现了一种曲面的显示器，如图 2.5 所示。

曲面显示器比普通的液晶显示器更宽，屏幕带有弧度，视觉感受更舒服，而且可以显示的内容更多。比如用普通显示器看文档，只能一页一页显示，而使用曲面显示器，可以同时显示 2 页、3 页，甚至更多页。

图 2.5　曲面显示器

还可以在曲面显示器上打开多个窗口同时显示，非常方便工作和娱乐。

人工智能机器配置的显示器大小、形状各异，具体是根据人工智能机器的用途来定的，比如智能手表、智能手环的显示器可能是正方形或是圆形；有的智能音箱则不需要显示器，因为它的功能是播放声音，不是显示图形；普通智能洗衣机的显示屏幕很简单，只显示工作模式或者时间。

2.2.2　输入设备

因为现在人工智能语音识别技术非常厉害，它可以将语音转换为文字输入，同时我们可以用触摸屏幕来控制电脑，所以现在的平板电脑和手机都不需要键盘和鼠标。

但现在的台式电脑和笔记本电脑还配备键盘和鼠标，所以下面带领大家来认识一下这两个设备。

在还没有实现语音输入的年代，用户都是使用键盘输入文字、数字和各种代码的。比如我们玩的游戏是程序员敲入很多行代码才设计出来的；我们看的一些电子书，也是一个字一个字敲进去的。

键盘上有很多字母、数字、标点符号、控制键，用户只有熟悉这些键的位置和作用，才能熟练、快速地使用键盘（仔细地看看图 2.6 的键盘，数一数有几个键，大概有哪些类型的键）。

图 2.6　键盘

随着人工智能技术的发展，有了光学字符识别（Optical Character Recognition，OCR）技术，如果需要将书上的一页文字输入到电脑中，只需要将这页文字扫描，然后通过 OCR 技术转换为电脑里的文字，就可以了。

语音识别技术也可以快速地将我们说的话转化为电脑里的

文字。所以，也许有一天键盘会不再被需要。

鼠标也是一种输入设备，如图 2.7 所示，使用它可以点击打开某个图标所对应的文件。

图 2.7　鼠标

在使用平板电脑和手机的时候，我们是用手指点击图标打开，或者通过手指划动来实现某些控制的。这种控制方式叫触摸控制，平板电脑或手机的屏幕叫触摸屏，触摸屏既可以接收输入，也可以显示输出。

在触摸控制技术出现之前，人们是通过鼠标来点击控制的。

未来，鼠标的使用需求可能会越来越少，因为触摸屏集输入输出功能于一体，更加方便。

2.2.3　机箱里面有什么

台式电脑通常会配置一个机箱，图 2.8 所示就是一个电脑的机箱。

从外表看，机箱就是一个方方正正的箱子，在机箱的前面、后面还有很多插孔和接口。

图 2.8　机箱

机箱就是一个容器，把那些看起来比较凌乱的配件和线都塞在里面，将这些配件和外部隔离，可以起到保护（防尘、防潮）作用，也可以让整个计算机看起来更加美观。

但机箱内部的芯片还需要和外部进行信息交换，主要是通过机箱周边的接口来连接机箱内和机箱外的部件，实现信息交换的。

找一个螺丝刀，把机箱侧面的螺丝拧下来，打开机箱的盖子，就可以看到机箱内部有线、小风扇、电路板，这些都是什么呢？

1. 主板

如果你把机箱里的东西拿出来，会发现很多器件和线都插在一个电路板上，这个方方正正的电路板就是主板，如图 2.9 所示。

主板就是一个平台，计算机中最重要的组成部件都是插在主板上，通过主板进行连接，才能协调工作。

图 2.9 中的主板上面有很多卡槽、元件和连线，这些在主板制造的时候就已经被制作在上面了。

图 2.9　主板

当技术人员后期组装电脑的时候，只需要把相应的一些重要器件插在对应的卡槽上就可以了。

那么插在卡槽上的都是哪些重要器件呢？

其中一个非常核心的器件叫中央处理器（Central Processing Unit，CPU）。

2．中央处理器（CPU）

中央处理器的作用和我们的大脑一样，它负责计算机中的所有处理任务。电脑的所有操作都是通过中央处理器来完成的。

图 2.10 中这个边长只有几厘米大的芯片就是 CPU 的正面和

背面（每种品牌和类型的中央处理器会有差别，但工作原理一样，外观也差不多）。

图 2.10　CPU

有的同学可能会有疑问：这么一个小芯片竟然可以控制整个电脑吗？

别看它小，这个小小的芯片内部包含数以亿计的元器件，正是这些元器件配合工作才能实现电脑的高速运算。

CPU 中既包含控制器，也包含运算器，既能实现对整个计算机系统的控制，也能完成整个计算机系统的运算任务。

CPU 在计算机中的作用就像我们身体中的大脑。大脑内部有几百上千亿个脑细胞，大脑接收感觉器官传递过来的信息，并进行处理，指挥控制我们的言行举止。

大脑是整个人体的指挥中心，CPU 是整个计算机的指挥中心。

因为 CPU 要负责电脑里的所有工作，所以它会发热，如果温度太高，CPU 就容易受到损伤。所以要给它加装一个风扇，用来散热。

3．存储器

你还记得一年前发生过什么难忘的事情吗？

我们每个人都能记得以前发生过的一些事情，有时候还会把现在发生的事情和以前发生的事情联系到一起。比如你在路上看见一个以前的幼儿园同学，虽然已经几年没有见过面了，可还能一眼就认出来。

这是因为大脑除了计算功能，还有记忆功能，能够把见过的影像、闻过的味道、听过的声音、触摸的感受都存储在大脑里，当需要的时候就能够回忆起来。比如考试的时候，你就是在回忆大脑里储存的那些知识，然后思考、推理、判断，最后把结果写下来。

在计算机中，也有这样的存储器，它的功能就是存储数据，存储那些排队等待被运算的数据、运算的结果以及那些暂时不用需要被长久保存的数据。

CPU 中有存储器。但 CPU 中的存储器容量很小，存储不了很多信息。

主板上安装了两个存储器，一个叫内存条，如图 2.11 所示；一个叫硬盘，如图 2.12 所示。

图 2.11　内存条

图 2.12　硬盘

　　内存条是插在主板上预留好的内存条卡槽上的，硬盘是通过接口和主板连接的。

　　内存的存取数据速度很快，所以用来保存那些 CPU 正在处理的数据。

　　硬盘的存取速度较慢，但是硬盘空间比内存大得多，就像一个大仓库一样，用来永久保存大量的数据。有些数据可能长期不用（比如一些照片、视频、电影），也都保存在硬盘中。

　　当计算机在工作的时候，CPU 如果需要调用数据，就会向内存发出指令，内存将 CPU 需要的数据传送给它。

如果数据存在硬盘中，当需要被 CPU 处理的时候，需要先调到内存中，然后由内存传送给 CPU。

当 CPU 运算完以后，先把结果传给内存，然后由内存传给硬盘永久保存。

CPU、内存和硬盘之间的关系如图 2.13 所示，CPU 和硬盘不能直接交换数据。

图 2.13　CPU、内存和硬盘之间的关系

4．显卡

显卡的作用就是将 CPU 送来的图像信号经过处理再输送到显示器上。显卡插在主板上的显卡插槽中。图 2.14 所示是一个显卡，上面也有散热风扇。

图 2.14　显卡

上面介绍的是机箱里包含的计算机主要组成部分，另外还

有一些小的配件，不再详细介绍。

思考题：笔记本电脑没有机箱，这些主板、CPU、存储器、显卡都安装在哪里了呢？

笔记本电脑是一种非常轻薄、方便携带的计算机，它的"机箱"其实就在键盘下方，只是它的主板、存储器、显卡都做得更加小巧轻薄，都被集成在这样一个很小的空间范围内了，如图 2.15 所示。

主板、CPU、内存条、硬盘、显卡等都包含在键盘下的区域。

图 2.15　笔记本电脑

平板电脑、手机内部也像一个小小的机箱，包含了中央处理器芯片、存储器芯片等。

2.2.4　嵌入式计算机

我们平时接触的计算机大都是笔记本电脑、平板电脑或者是手机（智能手机也是一种迷你型计算机）。

计算机可以做成各种形式、各种形状，嵌入到各种电子产品中，就像一个微型的计算机，称为嵌入式计算机。这种技术称为嵌入式技术。

现在的所有智能产品中都使用嵌入式技术，比如智能手表、智能音箱、智能家电、机器人、无人机等产品中都嵌入芯片，通过芯片实现智能控制。

这些智能产品看起来都不像计算机，但实际上就是计算机的一种存在形式，工作原理是一样的。

2.3　软　　件

2.3.1　计算机中的软件

如果没有安装计算机软件，除了开机、关机，几乎无法使用计算机。没有安装软件的计算机称为"裸机"。

当有了计算机软件，点开游戏图标就可以开始玩游戏，点开购物软件就可以买东西，点击视频播放软件就可以看视频，点开聊天软件就可以聊天……

我们的电脑、手机里安装了各种各样的软件，每个软件都有它要实现的功能。

有一种职业叫程序员，程序员的工作就是编写一行一行的代码来实现这些软件的功能。我们所使用的所有软件都是由程序员开发出来的。

计算机中的软件种类特别多，按照功能大概可以分为两大类型：系统软件和应用软件。

1. 系统软件

一个完整的计算机系统非常复杂，由很多的硬件部分和软件部分组成。如何让这些硬件和软件协调有效地工作，是一个很重要的问题。

系统软件的功能就是来管理和协调这些硬件和软件，让它们能够高效有序地工作。

计算机中最重要、最大的系统软件，是操作系统（Operating System，OS）。

最初的计算机使用起来特别复杂，只有极少数的科学家才会使用，普通人根本不知道该如何使用它。

后来有了系统软件——操作系统，操作系统负责给用户提供一个可以看得见的界面和操作方式，计算机的使用变得更加简单。

最初的操作系统功能特别简陋，只能提供一个字符界面，用户需要输入命令才能使用计算机，如图 2.16 所示。

后来，随着科学家和技术工程师的努力，操作系统升级成了图形界面，如图 2.17 所示，上面的一个一个图标很直观，只要用鼠标单击、双击就可以控制计算机，计算机的使用变得越来越简单，也就有越来越多的人开始使用计算机。

图 2.16　字符界面

图 2.17　计算机的图形界面

世界上用户最多的操作系统是 Windows 系列，从最初的
Windows 3.1，到后来的 Windows 10、Windows 11，使用越来越
方便简单，功能越来越丰富。图 2.2 就是 Windows 10 的界面。

我们对电脑的使用感受和操作系统是否好用有很大的关系。
操作系统就像计算机中的大管家一样，它负责管理计算机中的
所有硬件和软件，负责资源的调度和分配，负责让用户更加简单、
方便、快捷地使用电脑。

每次当用户按下开机键，电脑启动以后，硬件开始进入工作状态，操作系统也同时启动，进入忙碌状态。

除了操作系统这个大管家之外，还有一些就像小管家一样的系统软件，有的负责编辑、调试程序，有的负责管理数据库。

在《红楼梦》中，贾府的大管家是王熙凤，她负责管理家庭里的所有大小事务，贾府的大事小事都要经过她打理。王熙凤的作用就相当于电脑中的操作系统。王熙凤的手下还有很多小管家，有的负责管理丫鬟，有的负责管理餐饮，有的负责管理田产……

2. 应用软件

应用软件是为了满足用户在某一个方面的需求而设计的。

为了能够处理、美化图片，设计了图片处理软件，比如电脑中的"画图"，如图2.18所示。

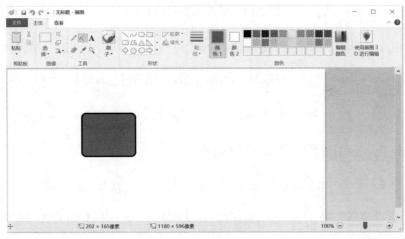

图 2.18 "画图"软件

为了能够查找并清除电脑病毒，设计了杀毒软件，比如 360 杀毒软件，如图 2.19 所示。

图 2.19　杀毒软件正在查杀病毒

为了能够实现用户和用户之间的交流，设计了聊天软件，比如微信、QQ。

应用软件的种类特别多，并且不断有新的应用软件出现。

2.3.2　智能产品中的软件

智能产品包括手机、平板电脑这样的迷你型电脑（比电脑小，但是功能和电脑类似），也包括像扫地机器人、智能音箱、智能手环等各种智能产品。

就像电脑需要安装操作系统一样，手机、平板电脑中也需要操作系统。现在手机或平板电脑中使用最多的操作系统是安卓（Android），苹果手机的操作系统是 iOS，现在华为手机使用的操作系统是鸿蒙操作系统（Harmony OS）。

一些智能产品在制造的时候嵌入了操作系统，称为嵌入式操作系统。

操作系统的作用都是一样的，功能也大体相似，只是设计操作系统的厂家不一样，名称也就不一样。

和电脑一样，手机和平板电脑中还安装了很多应用软件，比如微信、支付宝、QQ、淘宝、抖音等，这些软件称为 App，即英文 Application 的简称。

有些简单的智能产品中没有安装丰富的应用软件，它只能实现某一个特定的智能功能，比如智能音箱只能实现语音对话，扫地机器人只能扫地。

软件都是程序员编写出来的，是使用计算机语言编写一行行的代码来实现这些功能的。

那么，什么是计算机语言呢？

2.4　计算机语言

2.4.1　什么是计算机语言

计算机语言是人和计算机通信的语言。

如果想让计算机实现某个功能，就得用计算机语言来指挥计算机工作。

就像我们想和德国人通信，就得掌握德语；如果想和计算机通信，就得掌握计算机语言。

人类有很多语言，有汉语、英语、日语、德语、法语、韩语……，计算机语言的种类也非常多，每一种计算机语言都有它的特点和主要作用。

现在常用的计算机语言有 Python、C 语言、Java 语言、C++、PHP 等。

各种计算机语言都是计算机科学家根据需要发明出来的。

2.4.2　什么是程序

程序是为了解决一个问题，使用计算机语言编写的一系列语句的集合。图 2.20 就是一个非常简单的小程序。

```
print("请输入您的体重：")
tizhong=float(input())
print("请输入您的身高：")
shengao=float(input())
zhishu=tizhong/(shengao*shengao)
print("您的体重指数是：",zhishu)
```

图 2.20　一个程序（不需要看懂）

程序的每一行都是一个指令语句，能够指挥计算机执行一个操作。

如果要实现一个完整的功能，就得编写一系列的指令语句，这就是程序。

程序员根据需要选择某一种计算机语言来编写程序，比如，如果需要编写的是人工智能程序，一般选择 Python 语言来编写；如果需要开发网站，选择 PHP 语言更合适。

2.4.3 一个重要的公式：程序 = 数据结构 + 算法

该如何编写程序呢？

如果想编写程序，首先得学会一门计算机语言，学习这门语言的基本知识、语法结构。

学习计算机语言就像学习英语一样，需要掌握一些单词和语法。

编写程序和写作文有点类似。当我们开始写作文时，首先要思考作文中会涉及哪些人，这些人之间是什么关系。然后要思考这些人物之间会发生什么样的故事。

当要编写程序时，首先要思考程序中涉及哪些数据以及这些数据的类型和组织结构（数据是程序所处理的对象），这就是数据结构。其次要思考这些数据之间将发生哪些运算，这些运算将按照什么样的步骤展开，这就是算法。

有一个著名的公式：

程序 = 数据结构 + 算法

其中，数据结构是程序所处理的对象；算法是解决问题的方法和步骤。

例：现在有一瓶酱油和一瓶醋，需要将酱油倒到醋瓶中，将醋倒到酱油瓶中，该如何实现？

解决步骤（图2.21）：

（1）找一个空瓶K（空瓶K要足够大）；

（2）把酱油倒在瓶子K里；

（3）把醋倒在酱油瓶里；

（4）把瓶子K里的酱油倒在醋瓶里。

图2.21 解决步骤图示

在上面这个问题中，三个瓶子就是要处理的对象，解决步骤就是算法。

那么，请大家接着思考下面的问题：

如图2.22所示，将两个变量 a 和 b 的值进行交换。

分析：这个题目和上面的例子非常相似，只是现在需要交换的是数据，所以也需要一个空变量 c。

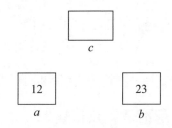

图2.22 将 a 和 b 的值进行交换

算法：

（1）*a*=12；*b*=23；　　给 *a* 和 *b* 赋初始值

（2）*c*=*a*；　　　　　　将 *a* 的值给 *c*

（3）*a*=*b*；　　　　　　将 *b* 的值给 *a*

（4）*b*=*c*；　　　　　　将 *c* 的值给 *b*

（5）输出 *a* 和 *b*；　　将结果显示出来

在上面这个例子中，*a*，*b*，*c* 是处理的对象，属于数据。

a 和 *b* 的交换需要一步一步实现，这个实现的方法叫算法。

把上面这个算法转换成 Python 代码实现，如图 2.23 所示。

```
两个数交换.py - C:/Users/43601/AppData/Local/Programs/Python/...    —    □    ×
File Edit Format Run Options Window Help
a=12
b=23
c=a
a=b
b=c
print(a,b)
```

图 2.23　用 Python 语言实现两个数交换

注释：print 的功能是输出；print(a,b) 表示输出 *a* 和 *b* 的值。

程序输出的结果是"23，12"，表示已经实现了交换。

本 章 小 结

著名数学家图灵。一个数学家同时竟然还是计算机科学之

父、人工智能之父，是不是有点奇怪？

因为计算机和人工智能都是用数学方法来解决现实世界问题的。

人类刚开始发明计算机只是为了解决数学计算问题，是模拟人类大脑的计算功能。

随着电子技术的发展，这个神奇的工具功能越来越强大，能够处理文字、图片、声音、视频……，一直发展到能够模拟人的判断能力、思考能力、推理能力、工作能力，这就是人工智能技术。

所以说，人工智能技术是在计算机技术的基础上发展起来的。

现在，计算机以各种形式存在，它可能被做成一个芯片大小嵌入到玩具、家电等各种智能产品中，它也可能被做成迷你型电脑（比如手机、平板电脑）。

计算机和人工智能产品都是由硬件和软件两个部分构成的，主要的硬件构成是控制器、运算器、存储器、输入设备和输出设备，软件包括系统软件和应用软件。

第❸章　从互联网到物联网
——从计算机相连到万物互联

导读

　　一台计算机的功能是有限的，但是当将很多计算机联接到一起，形成一个网络以后，它的功能将得到扩展和延伸，这个网络叫互联网。

　　互联网不断扩展，一开始仅仅只能连接计算机，后来开始连接手机，现在开始连接越来越多的设备、连接越来越多的物体。物物相连，万物互联，这就是物联网。

　　智能的前提是，要把设备连接到网络中，整个网络就是这台设备的超级大脑。

　　第 3 章讲解网络的起源和发展，以及网络在人工智能技术发展中的作用。

3.1　互联网的起源和发展

3.1.1　互联网的起源

1946 年，科学家发明了计算机，每台计算机可以完成复杂的计算，但是计算机和计算机之间并不相连。

1969 年，科学家把计算机连接起来，形成网络，计算机之间可以传递信息（发送的第一条信息只有 5 个字母——login），这就是最初的计算机网络（图 3.1），只连接了 4 台电脑，当时这个网络的名字叫阿帕网（ARPANET）。

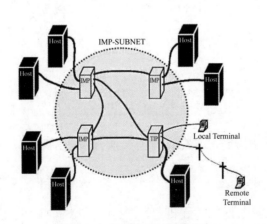

图 3.1　计算机网络模型

后来，接入这个网络的计算机越来越多，全世界几乎所有的计算机都连入了这个网络，这就是互联网。

最初，联网的计算机之间主要进行信息传递，比如从一台计算机发送邮件给网络上的另外一台计算机。因为不受距离的限制，只要连入互联网，就可以实现这样快速的信息传递，互联网拉近了人与人之间的距离。

但随着网络技术的发展，人们不再仅仅满足于使用互联网来传递信息，互联网的功能越来越丰富，给人类的生活带来了很大的影响。

3.1.2 互联网的功能

1. 信息传输

互联网最初的目的就是实现信息传输，这也是互联网最本质的功能。我们在网络上做的很多操作都属于信息传输，比如网络聊天、发送电子邮件、传送文件、发朋友圈，有的属于双向传递，有的属于单向传递。

2. 资源共享

现在，互联网就像一个巨大的资源仓库，我们既可以将自己的资源上传到网络上给其他人使用，也可以从网络上共享他人（个人可以提供资源，平台也可以提供资源）的资源。

比如我们在网络上看视频（电影、纪录片、电视剧、短视频）、听音乐、看新闻、下载资料、看电子书等，都是在共享资源。

3. 社交

网络改变了现代人的社交模式，以前的人类只有走出家门才能结交朋友，而现代人只需要连接到互联网，就可以在网络上展开社交。不但可以通过聊天软件和熟悉的朋友聊天，也可以通过这些软件添加陌生人，在网络上和从未见过面的人聊天、交流。

有些社交平台是开放式的，当你在平台注册了一个账号后，就可以在这里分享、记录你的生活、感悟。当别人看到你的记录，喜欢你分享的内容后，就可以关注、点赞和评论。

通过互联网，我们的社交范围不仅仅是自己周围的人，还有机会接触到世界各地的人，在更大范围内遇到和自己性格相投、兴趣相近的朋友，通过网络交流思想，进行灵魂的碰撞，并不需要在现实中见面。

当然，因为不能见到真人，网络上也有很多骗子，在网络上交朋友要谨慎，不能随便相信陌生人的话，不能和陌生人发生经济往来，不要随便泄露自己的隐私信息。

4．电子商务

电子商务就是通过互联网进行买卖活动，卖方和买方不需要见面，双方通过网络进行交易。

比如淘宝就是一个互联网电子商务平台，卖家在网络店铺展示自己所销售商品的详细信息，买家通过互联网浏览这些信息，还可以在线和卖家交流。当买家确定要买的商品后，通过网络进行支付。卖家收到订单后，根据买家的要求进行发货。

买家收到货以后，如果不满意还可以退货、换货。

现在，几乎可以在网络购买到我们需要的任何东西，甚至还可以通过网络购买服务，比如通过网络进行心理咨询，通过网络购买跑腿服务，通过网络购票……

3.1.3 互联网对我们生活的影响

最近三十年，互联网在世界范围内迅速发展。

有一个名词叫"互联网+"，就是"互联网+各个行业"，比如：

"互联网+农业"就是让农业和互联网进行融合发展，让传统农业进行升级发展，农民可以通过互联网销售农产品。

"互联网+教育"指的是教育和互联网技术融合，将课程的资源上传到互联网平台，教师和学生通过网络交流、讨论；或者教师在网络上给学生直播上课，学生通过网络提交作业。

"互联网+旅游"就是让旅游行业和互联网相结合，将一些旅游资源数字化，比如将景点的风景图片和视频上传到网络上，游客可以通过互联网了解旅游景点；游客可以互联网购票，这样就免去了现场排队买票的烦恼；游客还可以通过扫描二维码，获得每个景点的讲解，更加深入地了解景点的历史典故、典型特色等。

最近三十年，互联网对很多行业的发展都有很大的影响，出现了很多新兴的行业，比如快递、外卖、网店、直播卖货、新媒体等。也有很多行业在没落，比如邮政服务、电报业务、固定电话业务等。还有很多行业在转型，比如传统媒体转行做新媒体，实体店兼营网店，饭店同时做外卖。

因为有了网络，我们足不出户就可以了解天下大事、买卖东西、交流聊天。因此，现代人里多了一个分类，叫"宅人"，指的是不喜欢出门，就喜欢天天待在家里的人。

3.2 物联网——物物相连，万物互联

3.2.1 从互联网到物联网

最初的互联网都是通过有线连接的（有线包括双绞线、电缆、光缆等）。随着无线通信技术的发展，可以通过无线信号（包括无线电波、红外线等）传输信息。

无线网络的出现，让人们实现随时随地上网，不用再拖着网线，更加方便。

随着无线通信技术的发展，网络的连接对象逐渐由电脑扩展到平板电脑、手机等，PC（个人电脑）互联网时代逐渐过渡到移动互联网时代。

最初的手机只能打电话，如图 3.2 所示。后来的智能手机可

以连接到移动互联网,可以通过手机上网、聊天、看电影、查资料、上网课、完成作业，如图 3.3 所示。智能手机的功能类似于一台迷你计算机。

图 3.2　只能打电话的手机　　　图 3.3　可以上网的智能手机

不但手机可以连接到网络中，很多物体都可以连入网络，比如空调、冰箱、洗衣机、智能音箱、扫地机器人、手表手环、摄像头……

只要在物体中嵌入芯片就可以将其连接到网络中，并能对其进行控制。

网络连接的物体越来越多，移动互联时代过渡到万物互联时代。

这种可以实现物物相连、万物互联的网络叫物联网，英文叫 Internet of Things，简称 IoT。

为什么要将物体连接到网络中呢？

主要是为了实现对物体的智能化识别、定位、跟踪、监控和管理，是为了实现对物体的控制。

通过上面的介绍，我们可以得出两个结论：

（1）物联网是在互联网的基础上发展起来的；

（2）将来还会有越来越多的物体连接到物联网中。

3.2.2　物联网中的传感器——人工智能系统的神经末梢

传感器是物联网中非常重要的设备，它的主要作用就是用来随时采集数据。

在第 2 章提到，人工智能系统中，传感器就是人工智能系统的输入设备，就像我们人的感觉器官功能。

我们人类的感觉器官每时每刻都在接收信息，皮肤能够随时感受温度，眼睛能够随时看到外界信息，鼻子能够随时闻到气味，耳朵能够随时获取声音信息，嘴巴能够品尝各种滋味。

身体接收到的信息通过神经系统传递给大脑，大脑对这些信息进行分析判断，身体做出反应。

比如眼睛看到美丽的景色，大脑做出"这景色真美"的判断，身体的反应是停下脚步，细细欣赏，拿出手机拍照片。

不过，因为每个人大脑的知识体系、审美不一样，吸引你停下脚步的美景，对于另一个人来讲可能并无特别之处，他看了一眼，就毫无感觉地走了。

大脑中的知识体系就是知识数据仓库，是每个人长期以来知识和经历的积累。

所以，虽然是一样的景色，但是因为大脑的知识数据库不一样，处理的结果不一样，反应也就不一样。

物联网中有无数的传感器，这些传感器芯片被嵌入到机器、家电、医疗设备、太空飞船、飞机、海底探测仪器等各种设备中。每个传感器都是一个信息源，按照一定的频率采集数据，不断更新数据，通过物联网传送给数据处理中心。

传感器是人工智能系统的神经末梢，是万物能够互相感知的核心器件。传感器让物体有了触觉、味觉、嗅觉、听觉，让物体"活了"。

3.2.3 物联网对人工智能发展的影响

当音箱可以联网以后，通过手机就可以控制音箱。当对音箱说"请播放《小星星》"，智能音箱就能通过网络搜索到《小星星》并播放。当我们问"明天的天气如何？"，智能音箱通过网络搜索到明天的天气预报播报给我们听。

如果不能联网，音箱就不能实现上面的功能，只能播放音箱或者电脑里已经有的歌曲。

一个普通的摄像机只能拍下当下的影像并保存到它的存储器中。

一个联网的监控摄像头可以一直不停地录像，我们可以通过手机随时查看摄像头拍摄范围内的情况，实现监控功能。

如果家里的设备都接入了网络，当我们上班以后，可以通过网络来开、关空调；可以通过摄像头来查看家里的情况；可以通过网络控制扫地机器人工作……

所以，物联网的作用和互联网是一样的，设备连入物联网以后可以相互通信，人可以实现对联网设备的控制和管理，可以通过这些联网设备采集数据，还可以对这些物品进行定位、跟踪、监控、管理。

如果在鞋子中嵌入芯片，让鞋子联入网络，当老人或者孩子穿这样的鞋子出门后，我们就可以通过手机随时了解老人或者孩子的位置，不用担心他们走丢了。

联入物联网的每个物体都有自身的相关数据信息，并不断地产生新的数据信息：比如一个空调的自身数据信息包括生产厂商、生产日期、型号、详细的参数指标、出售日期等。

当空调使用以后，产生的数据包括它每天的工作时间、工作温度、消耗电量、设备的损耗等。

当空调接入网络以后，这些数据被采集到，通过网络存储和传输，计算机厂商或者房主都可以查看这些信息，了解空调的工作状况。

如果空调存在安全隐患，在还没有发生故障之前，空调厂家就可以通过网络获取这些数据，判断空调可能会出现的障碍，并能够提前和房主沟通，派售后人员上门排除问题，将问题消灭在萌芽状态。

一个空调厂家销售出几万、几十万、几百万台空调，每台空调在制冷或者制热的同时，将采集到的数据传输到厂商的数据处理中心，这些数据量很大，就是大数据。

厂商的数据处理中心需要使用数据处理软件对这些数据进行分析和判断，从而实现智能控制，这就是人工智能技术的应用。

所以，物联网中的设备采集数据，数据处理中心对采集到的数据进行处理、分析、判断，最后实现人工智能控制。

本 章 小 结

1969 年，互联网出现了。在这之后的几十年里，互联网迅猛发展，改变了很多行业的形态，也改变了我们的生活方式。

随着无线通信技术的发展，移动互联时代到来，互联网连接的对象逐渐扩大，由只能联接计算机扩展到可以连接手机、智能家电以及一切需要被连接的设备，这就是物联网。

当然，需要连入物联网的设备，必须在其中嵌入芯片，同时需要遵守约定的协议，才能将其和网络进行联接。

物联网的最终目的就是实现人与人、人与物、物与物之间的信息互联、实时共享、数据交换、智能控制。

物联网是人工智能发展的基础。

第❹章　人工智能发展的三大支柱之数据

导读

计算机最初的功能就是进行数学计算，只能处理数字。那时候的计算机中所存储的都是数字。

随着计算机技术的发展，科学家开始研究将各种字符转换为数字表示、将图片转换为数字表示、将声音转换为数字表示、将视频转换为数字表示，这就是数字化过程。

字符、图片、声音、视频等被转换为数字以后，就可以被计算机存储和处理了，它们被统称为数据。

随着计算机技术的发展，计算机中存储的数据累积得越来越多；随着互联网技术的发展，每个网民都可以在网络上传送数据；随着物联网技术的发展，越来越多的联网设备自动采集、存储、传输数据，数据越来越多。

庞大的数据被誉为黄金石油，被视为智能时代的核心推动力，是人工智能发展的三大支柱之一。

4.1 数据和大数据

4.1.1 什么是数据

其实，万能的计算机只"认识"两个字：0和1。

所以，计算机里存储的那些好看的图片、好玩的游戏、有趣的动画片、电子书，所有被存储在计算机中的内容，都被转换为0和1表示。

只要能够被转换为0和1的形式，能够被计算机表示并存储的内容，就是数据。

打开每个人的电脑，他的电脑里都有各种各样的数据，如图4.1所示。

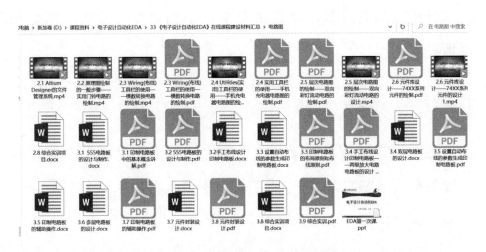

图 4.1 电脑里各种形式的数据

爸爸妈妈给我们拍的照片、视频，是数据；

我们在电脑或者手机里听的音乐，是数据；

老师在电脑里统计的考试成绩，那些表格和数字，是数据；

好看的电影、动画片、电子书，是数据；

我们和好朋友聊天的内容，是数据；

我们在网上发布的文字，是数据；

每天在网上看的新闻，也是数据。

每天，打开手机或电脑，我们要么在浏览数据，要么在制造数据。

比如，打开购物网站的时候，就是在浏览数据（包括商品的图片、文字介绍等），同时浏览的信息（浏览哪些商品，看了多久，是否购买）也被作为数据记录下来，下次网站会根据你的浏览记录发送你感兴趣的商品信息。

看朋友圈的时候，是在浏览数据；如果发朋友圈，则是制造数据。

4.1.2　什么是大数据

随着物联网技术的发展，不但上网的人越来越多，而且很多设备都可以联网，比如家里的扫地机器人（图 4.2）、智能冰箱、智能空调等，都可以连入网络。

连入网络的设备会采集很多数据，比如扫地机器人采集的数据包括家里的面积、空间分布；智能冰箱采集的数据包括食物的数量、种类；空调采集的数据包括温度、湿度；监控摄像头采集的数据包括家里人的生活影像……

所以数据量越来越多，这种规模特别大的数据又称为大数据。

图 4.2　扫地机器人在工作时会采集数据

4.2　大数据主要来自哪里

人类的生活处处和数据有关。

4.2.1　四季轮回中的数据

远古的人类祖先一开始并没有春夏秋冬的概念，但是他们发现热得冒汗的季节，植物长得特别快，各种瓜果蔬菜也慢慢成熟；到了天气慢慢变得凉爽的季节，树叶开始脱落，很多果实变黄了、变红了，味道更加甜美好吃；然后天气慢慢变冷，大雪纷飞的日子里，寻找食物就很困难；然后天气还会慢慢变得暖和，植物开始发芽、长大、开花、结果……

经过长期的观察，他们得出了四季轮回的规律，知道在春天播种、夏天浇水施肥捉虫、秋天收获，知道储存食物才能度过找不到食物的冬天。

这就是从观察中总结数据、得出规律、使用数据的能力。人类因为有了这个能力，才能从石器时代一路发展到智能时代。

古代的人只能凭感觉去判断数据，比如感觉天气热了，通过观察颜色发现水果成熟了（图4.3）。

图 4.3　成熟的水果

现代人用采集到的数据来实现准确判断，家里的温度计告诉我们气温在升高或下降；科学家做实验，通过化学分析得到的实验数据告诉我们各种瓜果蔬菜的营养在什么时候采集最充足。

四季轮回处处都和数据有关，而现代的科学技术可以准确地采集这些数据，根据这些数据更好地工作和生活。

4.2.2　一日三餐中的数据

从选择食材，做饭到吃饭，我们的一日三餐也和数据密切相关。

1. 食物中包含的数据

为什么古代人的寿命比较短？

有人说，因为古代没有现代的医院，很多病得不到治疗；

有人说，因为古代缺少足够的食物，很多人营养不良；

……

但我们看历史书的时候，发现皇室家族，身份显贵的人也短寿，皇帝的很多孩子常常很小就夭折，很多皇帝也大都在三四十岁就去世。

皇帝的饮食非常丰富，想吃什么就能吃到什么，肯定不会营养不良。皇宫还有全国水平最高的医生，专门给皇室家族看病。那为什么他们还普遍短寿呢？

除了古代医学不发达以外，还有一个重要的原因是古代的人不懂营养学，不知道吃什么最有利于健康。

如果营养不均衡，就会生病，影响身体健康。

现代科学告诉我们，饮食均衡最有利于身体健康，每天都要吃点肉、喝点奶、吃蔬菜水果、吃五谷杂粮、多喝水，保持适量的运动，才能保持身体的健康状态。

有科学研究表明，一个体重 60kg 的成年人，每天需要的蛋白质大概是 50g 左右（具体数量和每个人的身高、体重、运动量有关）。那么一个成年人如果没有吃其他蛋白质的话，每天吃 200g 瘦肉就可以补充身体所需要的蛋白质了。当然，蛋白质的来源应该丰富，最好不要仅仅通过肉食来补充，豆制品、蛋类、坚果、奶制品中都包含蛋白质。

每种食物包含的营养成分很复杂，营养学也是一门需要通过实验获取数据、分析数据、统计、计算的过程。

营养师会根据每个人的体质、健康、年龄来制订最适合的菜谱，这一切都是建立在数据的基础之上。

图 4.4 就是对猪里脊肉进行营养成分分析得出的详细数据。

热量	155/kcal	磷	184/mg
钙	6/mg	钠	43.2/mg
核黄素	0.12/mg	蛋白质	20.2/g
脂肪	7.9/g	镁	28/mg
铁	1.5/mg	烟酸	5.2/mg
锌	2.3/mg	碳水化合物	0.7/g
胆固醇	55/mg	维生素 E	0.59/mg
胡萝卜素	0.9/μg	钾	317/mg

图 4.4　猪里脊肉的营养成分数据说明（每 100g 猪肉中的营养成分）

2．食物储存中包含的数据

夏天的蔬菜，如果放在常温下，大概一天就开始发蔫，两三天后就开始腐烂；如果是肉类，30℃ 左右的温度下存放一天就会变质。

所以，人类发明了冰箱，冰箱有冷藏和冷冻功能。有的食物适合冷藏，有的食物适合冷冻。

每一种食物都有最适合保存的方式和保存时间。图 4.5 显示了各种食物在冰箱里的储藏方式和保存时间，都和数据有关。

食物名称	储藏时间	
	冷藏（4℃）	冷冻（零下 18℃）
鱼肉	1～2 天	3 个月
鸡、鸭、鹅肉	1～2 天	6 个月
猪、牛、羊肉	1～2 天	3 个月
牛奶	3～5 天	1 个月
酸奶	7 天	不可冷冻
玉米、茄子、蘑菇	1 周	无须冷冻
黄瓜、菠菜、莴苣	2 周	无须冷冻
萝卜、洋葱	3 周	无须冷冻
汤和炖菜	3～4 天	2 个月
熟肉、剩菜	3～4 天	2 个月
熟蛋	1 周	不可冷冻
生蛋	4 周	不可冷冻

图 4.5　食物的储藏方式和时间

3. 烹饪中包含的数据

每种食物都有最能保留营养成分的做法。

有的食物如果煮得久了，绝大部分主要营养成分都会流失，比如蔬菜、水果。因为蔬菜、水果中包含大量的维生素，维生素在高温（≥100℃）蒸煮过程中会被破坏。

有的食物如果不煮熟，其中包含的元素会对身体有害，比如豆角。豆角中包含一些有毒的生物碱，这些生物碱会对人体造成伤害。经过高温蒸煮熟后，生物碱遭到破坏，吃了就不会中毒。

在做饭的时候，油和调料也不能随便放，放多了不但不好吃，还会影响健康。因为每人每天摄入的盐如果超过 6g，就会对人体的健康产生不好的影响。

除了以上这些，人类生活的方方面面都和数据有关系，学生学习、农民种地、医生看病、老师上课、警察破案等，都需要数据。

4.2.3　大数据来自哪里

大数据主要来自三个方面：

1．世界上本来就有的数据

上面我们提到日常生活、工作中处处都有数据，宇宙、地球的运转，四季轮回、日月星辰都和数据密切相关，我们的衣食住行也都和数据有关。

但是，在古代社会，很多数据无法获取（比如温度、食物营养成分、身体健康数据等）。在没有计算机之前，很多数据没有被记录保存。

因为现在科学仪器非常先进，很多数据都可以被获取，获取到的数据都被记录保存到计算机中。

比如，我们特别想知道著名大诗人李白长什么样子，可是永远无法知道了。因为那时候没有照片，李白也没有留下画像（书上的画像大都是后人根据想象画的）。

现代人可以拍照片记录下我们的模样，照片就是数据。

地球之外的宇宙空间一直存在，但是古代的人只能远远地看着月亮、太阳、星星，大致得出日月星辰的运行规律。而现代的卫星、天文望远镜、空间探测器、宇宙飞船都能够侦测、观察、记录、保存这些数据。

图 4.6 是被誉为中国天眼的球面射电望远镜，通过这个望远镜可以观测到很多宇宙现象，获得很多宇宙数据，探索宇宙的奥秘。

图 4.6　500 米口径球面射电望远镜

我们现在可以随时记录走过的路、见过的风景、吃过的美食、喜欢的人，这些本来存在的数据，远古的人类不会记录，后来的人只能用文字来描述，而现在我们可以通过照片、视频、声音等各种媒介来记录，这些也都是数据。

2. 过去已经被记录但没有被数字化的内容

中国是一个有着悠久文明历史的国家，祖先为我们留下了很多宝贵的文化遗产，包括古代的诗词、绘画、书法作品、档案文献、历史文物等。

这些宝贵的文化遗产通过一代代人的传承，一直保存到现在。

现代人可以把这些档案资料整理、扫描、输入到电脑里，相当于把这些记录都转换为数据保存了起来，这就是数字化的过程。

我们在网络上就可以登录一些数字化博物馆，参观很多珍贵的文物。比如登录"云上博物——江苏省博物馆数字展览空间"，就可以身临其境般地参观博物馆里的文物，如图4.7所示。

文物数字化的过程，就是对文物拍照、拍视频，计算机软件对这些照片和视频进行修复处理，最后把这些栩栩如生的文物照片或视频传到互联网上，形成数字化博物馆。

现在还有数字图书馆，读者可以登录网络数字图书馆查阅相关文献资料。

图 4.7 数字化博物馆

3．计算机或者其他电子设备创造出来的

现在的很多电子产品都是智能电子产品，这些电子产品能够不断地产生、记录相关数据。

比如智能空调中的温度传感器能够探测和记录环境温度；手机能够记录通话信息、聊天信息、购物信息；电脑能够记录我们上网的详细情况（看了什么、看了多久）；智能手环能够记录我们的脉搏、行为轨迹、运动数据……

这些电子产品记录保存下来的，都是数据。

由于越来越多的设备都开始连入网络，设备运行产生数据，设备记录、侦听、检测到数据；人类每天在网络上上传很多数据，所以数据越来越多，我们就进入了大数据时代。

那么，那么多数据有什么用呢？

大数据的价值在哪里？

4.3　大数据有什么用

4.3.1　一个案例——手机最了解你

同学们，这世界上谁最了解你呢？知道你最喜欢吃什么？知道你最喜欢看什么书？知道你最喜欢玩什么游戏？知道你最擅长什么？

这个人可能是你的妈妈，也可能是你的爸爸，或者是你最好的朋友。

其实，你的手机或者电脑（平板电脑）也很了解你。

当我们打开手机（或者电脑）的时候，手机（或者电脑）会记录下我们看了哪些动画片或者电子书、看了多久，记录下我们在网上发了什么信息，给什么样的内容点了赞，浏览了哪些商品信息，浏览了多久，每天的运动步数、行为轨迹等。

以上这些记录就是数据，通过大数据技术来分析这些数据，就知道你的基本情况、兴趣爱好。大数据技术甚至还能更准确地了解你的特长、分析你的性格，这就是"数据画像"。

大数据技术甚至能帮助你选择最适合的职业，比如老师、医生……

古人常常感慨"知音难求"，因为能够遇到一个兴趣爱好一致、性格相投的朋友是一件概率很低的事情。但在现代社会，大数据分析技术可以在网络上搜索到和你兴趣爱好完全一致的朋友。

4.3.2 又一个案例——大数据技术可以随时监测健康状况

随着人年纪的增大，身体不再像年轻时一样健康，经常会生病。

人体的很多健康数据都可以被检测和监测，比如脉搏、心跳、体温、脑波、血压、血脂等。

如果在我们的衣服、帽子、鞋子、手表、眼镜上嵌入芯片，这些芯片可以采集身体的健康数据，比如智能帽子能够采集脑电波、智能手环能够采集脉搏跳动的数据、智能鞋子能够测量体重和体脂、智能衣服可以测量心跳和体温、智能眼镜可以监测眼底健康……

这些采集到的数据可以通过网络传送到数据处理中心，医疗大数据处理软件能够对这些数据进行分析、计算，判断人体的健康状况。

如果人体的健康出现问题，一些数据就会发生变化，可以针对出现的问题提前治疗，将疾病消灭在最初状态。

大数据技术在医疗健康领域的应用将会提高人类的寿命。

图 4.8 中是一个智能手环，图 4.9 中是智能鞋子，都可以用来测量身体的相关参数。

图 4.8　智能手环

图 4.9　智能鞋子

4.3.3 大数据有什么用

大数据主要有两个价值：

1．大数据能够帮助我们更好地了解这个世界

这个世界上，每个对象（世界上存在的一切东西）都有它的数据。

比如，一个鸡蛋的数据包括：

- 下蛋的鸡是谁。

- 鸡的生长环境和生长过程（鸡的出生日期、吃什么食物、体重、外貌）。

- 鸡蛋的产蛋日期。

- 鸡蛋的保存环境。

- 鸡蛋的重量。

- 鸡蛋的形状。

- 鸡蛋的运输过程和运输环境。

- 鸡蛋的卖场环境。

如果一个鸡蛋的这些数据都被记录了下来（可以通过照片、视频、文字记录），当我们买鸡蛋的时候，扫一下鸡蛋上的二维码就能够得到这些信息，如图 4.10 所示。通过这种方式可以对商品进行溯源。

如果每个商品在生产过程中都被记录下详细的过程信息，我们就能更加了解接触和使用的每个东西。只有掌握了它的数据，才能了解这个对象。

图 4.10　带二维码的鸡蛋

2. 大数据能够帮我们进行预测和判断

聪明的人类很早就能够看云识天气。人类经过长期观察发现，如果乌云密布表示即将下大雨；如果蓝天白云表示天气晴朗。

人类还能够根据彩霞来预测天气，比如"朝霞不出门，晚霞行千里"。

这些云层的颜色和形状、朝霞和晚霞的样子，都是数据。古人通过这些简单的数据来进行天气的预测。

现代天气预报搜集到的数据更多、更准确，能够利用大数据技术实现更准确的预测和判断，所以现代的天气预报更加准确，而且能够预测未来更长时间内的天气情况。

现代天气预报的数据信息主要包括空气温度、空气湿度、风向风速、降水、大气压力、地面温度、太阳辐射类、能见度、云高、天气现象、闪电定位、大气电场等。

这些数据是通过气象站的气象卫星、气压计、雨量计、风向标、百叶箱、风向风速计、干湿球温度表、温湿计、蒸发皿、日照计、地温表等气象设备采集得到的。

图 4.11 是我国的气象卫星分布图，随时在测量、获取数据。

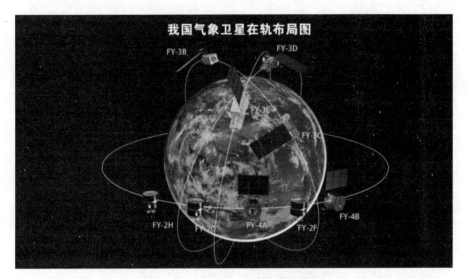

图 4.11　我国的气象卫星分布图

大数据分析软件能够对这些数据进行处理，预测和分析未来的天气变化情况。如果有暴雨、台风等恶劣天气的话，人们能够提前做好准备，减少伤害和损失。图 4.12 是 7 天天气预报数据，可以看到预测得非常详细。

通过数据进行预测和判断可以用在很多领域，比如通过对一个学生以往考试成绩的统计分析，预测她的高考成绩；通过对一个公司的历史销售数据进行分析，预测它未来的销售金额……

大数据可以帮我们消除不确定性，当我们无法决断的时候，不妨整理一下相关数据,对这些数据做分析,根据分析结果做决定。

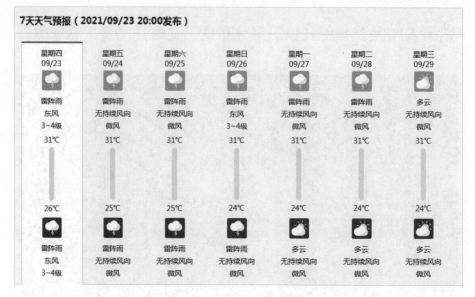

图 4.12　7 天天气预报数据

思考：你还能举例说一说，大数据还有什么用途吗？

4.3.4　保护数据隐私

我们每个人都有自己的数据,这个数据包括姓名、家庭住址、身份证号码、照片、体重、身高、电话号码、父母的情况、家庭的经济情况等,也包括我们的浏览记录、上网记录、购买记录、网络聊天数据、关注对象等。

我们通过这些数据了解彼此,但是有些数据属于我们的隐私,不能随便泄露。比如不能把身份证照片、正面照片、家庭住址、电话号码、家里的财产状况等信息随便告诉别人,更不能随便把这些信息在网络上暴露。

大数据时代，我们既要学会使用数据，也要学会保护数据隐私，既要保护自己的隐私，也不能随便泄露别人的隐私。

本 章 小 结

一个人刚出生的时候，就像一张白纸，对这个世界一无所知。随着他睁开眼睛看世界开始，他就在不断地学习各种知识，大脑存储的知识越来越多，人也就越来越聪慧。

对于人工智能系统来说，数据就是知识。获取的数据越多越好，越全面越好，人工智能系统对这些数据进行处理以后，得出规律和结论，才能实现"智能"。

人类的知识不仅仅来自课本中，还来自生活中，来自实践中。一个人年岁越长，经历得越多，知识会积累得越来越多。

大数据的来源也非常广泛，随着物联网连接的设备越来越多，数据也积累得越来越多。

数据是智能的基石，就像知识是人类智慧的基石一样。

数据就是知识，知识也是数据。

第5章　人工智能发展的三大支柱之算法

导读

结果好不好，方法很重要。

在程序设计中，算法就是解决问题的方法和步骤。算法是程序的灵魂和核心。算法好不好，决定了程序是否科学、合理、好用。

在人工智能系统中，如何从庞杂的大数据中找到规律、进行判断、不断改进、实现智能，这就是人工智能算法要解决的问题。

第5章讲解人工智能发展的第二个支柱——算法。

5.1 什么是算法

现代社会，每天都有大量的设备在采集数据。

气象卫星时刻在采集气象数据；

智能手环时刻在采集运动、脉搏等数据；

手机一直在采集我们的使用信息（打开什么软件、使用软件的时间、在软件上所做的操作等）；

工厂在生产过程中，产品的生产过程、设备的使用情况、产品的储存和销售等数据也都时刻被采集。

……

数据被采集了以后，还需要对数据进行整理、分析和加工处理（加工处理就是对数据进行各种运算），然后才能从数据中获取有用的信息。

比如对采集到的气象数据进行处理后得到天气预报；对智能手环采集到的数据进行处理后得到我们的运动和健康情况。

如何对这些数据进行处理运算？如何对这些数据进行分析判断？这就是算法需要解决的问题。

算法，就是解决问题的方法和步骤，算法要准确、完整、详细。

5.2 让我们一起来设计算法

可以用文字来表示算法，也可以用流程图来表示算法，下面通过 3 个简单的案例来讲解如何设计算法。

案例 1：求体重指数（BMI）。

体重指数（BMI）是用来衡量是否肥胖的指标，体重指数是按照如下公式计算的：

体重指数 = 体重 ÷（身高 × 身高）

体重单位是 kg，身高单位是 m。

比如张晓晓的体重是 60kg，身高是 1.7m，则体重指数是：

体重指数 =60÷(1.7×1.7)=20.76

要求设计算法在输入体重和身高后，能够求出体重指数并输出。

解决方案：

（1）数据。

这个问题中包含了 3 个数据，即体重指数、身高、体重，分别用符号 BMI、H、W 来表示这三个数，这三个对象都是实数类型（带小数的数）。

（2）算法。

第一步：输入体重 W；

第二步：输入身高 H ；

第三步：体重指数 BMI=W/(H*H)（在程序中，/ 表示除，* 表示乘）；

第四步：输出体重指数 BMI。

在上面的算法中，第一步和第二步的顺序可以调换，因为先输入体重还是先输入身高，对结果并没有影响。

我们通过一个流程图来表示上面这个算法。

在图 5.1 的流程图中，用指令框、箭头把算法的每一步都清楚地表示了出来。

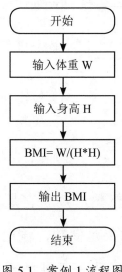

图 5.1 案例 1 流程图

在这个算法中，四个步骤按照时间顺序依次执行，这种结构叫顺序结构。顺序结构是一种最基本、最常见的结构。

下面框内的程序代码是用 Python 语言实现的，是上面案例 1

算法所对应的程序。

```
W=float(input())      // 输入体重 W，float 表示输入的是小数，input 的功能是实现输入
H=float(input())      // 输入身高 H
BMI=W/(H*H)           // 计算 BMI
print(BMI)            // 输出体重指数 BMI，print 的功能是实现输出
```

当程序运行的时候，如果输入体重 60，身高 1.65，计算得到的体重指数是 22.03856749311295。

求体重指数 BMI

扫描左图二维码，可以看视频讲解 Python 的安装和程序的调试过程。

在流程图中，各个符号的作用如下：

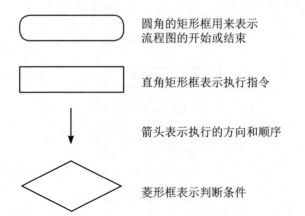

圆角的矩形框用来表示流程图的开始或结束

直角矩形框表示执行指令

箭头表示执行的方向和顺序

菱形框表示判断条件

案例 2：输入一个整数，判断它是奇数还是偶数。如果是奇数，输出"奇数"；如果是偶数，输出"偶数"。

有的同学可能会想：我一眼就能看出是奇数还是偶数，还需要判断吗？

因为计算机并不像我们一样聪明，我们必须告诉它判断的规则，然后它才能按照这个规则去判断。

判断奇数或偶数的规则：除以 2 取余等于 0 就是偶数，否则就是奇数。

解决方案：

（1）数据：这个问题中包含了 1 个数据，即需要被判断奇数或偶数的整数，用符号 num 来表示这个数。

（2）算法：

第一步：输入 num；

第二步：如果 num 除以 2 取余等于 0，输出"偶数"，否则输出"奇数"。

用图 5.2 的流程图来表示这个算法。

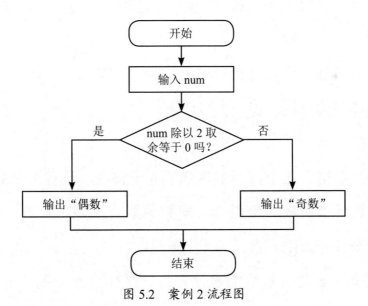

图 5.2　案例 2 流程图

（3）Python 程序代码。

```
num=int(input())        //int 表示输入的是整数，input 的功能是实现输入
if(num%2==0):           //if 表示如果，% 是取余的符号，== 是判断两边是否相等
```

115

```
  print(" 偶数 ")        // 输出 "偶数"
else:                     // else 表示否则
  print(" 奇数 ")        // 输出 "奇数"
```

扫描右图二维码，可以看视频听老师讲解这个程序及调试过程。

奇偶数判断

在上面这个案例中，有一个条件判断 "num 除以 2 取余等于 0 吗？"，如果这个条件成立，输出 "偶数"；如果这个条件不成立，输出 "奇数"。

这种根据条件是否成立来决定执行哪种操作的结构，叫选择结构，又叫条件结构。

案例 3：从一组数中查找最大值。

有 6 个整数 {90，102，27，199，208，14}，从这 6 个数中找出最大值，并输出。

我们虽然一眼就能看出哪个数最大，但为了让计算机明白，需要将详细的过程一步一步写出来。

解决方案：

（1）数据。这个问题中包含了 6 个整数，还有 1 个最大值。6 个整数可以构成一个组合，即数的组合，简称数组。数组中的每一个数叫数组元素。

用符号 a 表示数组的名字，6 个数组元素分别是 a[0]=90，a[1]=102，a[2]=27，a[3]=199，a[4]=208，a[5]=14。

用符号 max 表示最大值。

116

用符号 i 表示数组元素的标号（这个数组共有 6 个元素，标号从 0 到 5，分别是 a[0]，a[1]，a[2]，a[3]，a[4]，a[5]）。

（2）算法。现在不知道谁是最大值，假设最大值 max=a[0]，然后按照如下过程进行比较，找出最大值：

如果 a[1]>max，max=a[1]；

如果 a[2]>max，max=a[2]；

如果 a[3]>max，max=a[3]；

如果 a[4]>max，max=a[4]；

如果 a[5]>max，max=a[5]；

这样比较了 5 次之后，max 中的值就是最大值。

上面的比较是一个重复的过程，设一个变量 i，i 的值从 1 依次递增到 5。

算法详细描述如下：

第一步：max=a[0]，假设 a[0] 是最大值；

第二步：i=1；

第三步：如果 a[i]>max, max=a[i]；

第四步：i=i+1；

第五步：如果 i<6，返回第三步继续执行，否则循环结束；

第六步：输出 max。

在上面的算法中，第三步和第四步被重复执行了 5 次，a[1] 到 a[5] 依次和 max 进行比较，i 的值从 1 依次递增到 5。

这个重复的结构又叫循环结构。

循环结构，就是在满足条件的情况下，重复执行一段语句，直到条件不满足。

上面这个例子中循环重复执行的条件是"i<6"。

流程图如图 5.3 所示。

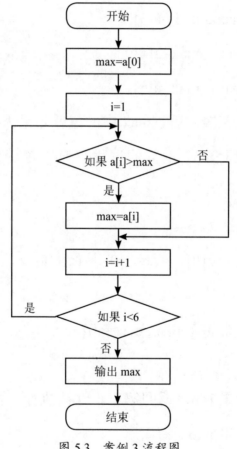

图 5.3　案例 3 流程图

上面这个案例既包含循环结构，也包含选择结构。

（2）Python 程序代码。

```
a=[90，102，27，199，208，14]      // 定义一个数组 a, 并给这个数组赋了一组值
max=a[0]                          // 假定 max=a[0]
i=1
while(i<6):
 if(a[i]>max):
   max=a[i]
 i=i+1;
print(max)
```

程序的输出结果是 208。

扫描右图二维码，可以看视频听老师讲解这

个程序及调试过程。

从一组数中查找
最大值

以上所讲的是 3 种最基本的算法结构，是算

法的入门案例。程序员在设计算法、解决实际问题的时候，算

法要复杂得多。

在上面 3 个案例中，面对每个需要解决的问题，都要先明

确处理对象，也就是数据；然后要设计详细的解决方案，也就

是算法。

当把算法设计好以后，根据算法编写程序代码。

本节所讲的 3 个案例都简单，所涉及的数据都是简单的数

字。但在很多复杂的程序中，数据量很大，不仅仅是数字，可

能还是其他类型的数据，包括图片、声音、视频等。

提醒：如果无法理解上面 3 个案例，不用担心，跳过不看

也可以。

5.3　人工智能技术的典型算法——人工神经网络

现在使用最多的人工智能算法是人工神经网络。

要想了解人工神经网络，需要先从人脑神经网络说起。

5.3.1　人脑神经网络

你认识图 5.4 中的动物吗？

图 5.4　动物图片

我们的眼睛在看到这个动物的时候,会把看到的特征信息(毛色浅黄或棕黄色,满身黑色横纹；头圆、耳短,耳背面黑色,四肢健壮有力；尾粗长,具黑色环纹,尾端黑色)传递给大脑的神经网络,大脑的神经网络根据接收到的信息进行分析和判断(根据我们大脑中已经有的知识），得出"这是一只老虎"的结论。

这就是人脑神经网络的大致工作过程。

图 5.5 是人脑中的一个神经元细胞的结构图，中间的区域是神经元细胞核，那些细细的支流叫做树突。树突具有接受刺激并将信息传入细胞核的功能，许多树突汇总在一起形成神经元细胞的输入。

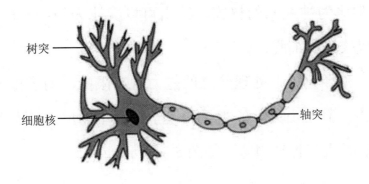

图 5.5 生物神经元细胞结构

神经元细胞核的主要功能就是对这些输入信息进行处理。轴突的主要功能是将神经元细胞计算处理过的信息传送给其他神经元，是神经元的输出。

人脑神经网络便是由大概 1000 亿个这样的神经元细胞组成，人的思维和意识都是由人脑神经网络控制的。

5.3.2 人工神经网络

科学家参考了人脑神经元细胞的结构，建立了抽象的神经元模型，如图 5.7 所示。

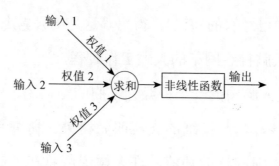

图 5.7　神经元模型

神经元模型是一个包含输入、输出与计算功能的模型。输入可以类比为神经元的树突，输出可以类比为神经元的轴突，计算可以类比为细胞核。

一个神经元模型处理信息的能力是有限的，为了提高信息处理能力，需要由大量的神经元模型按照不同层次关系构成网络，这就是人工神经网络，如图 5.8 所示。

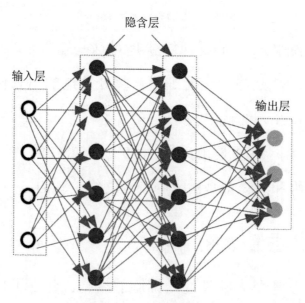

图 5.8　人工神经网络

在这个人工神经网络模型中，每一个圆圈代表一个神经元，每个神经元都是一个处理单元，每一层的输出都作为下一层的输入，与下一层的神经元相连，这样就构成了复杂的神经网络结构。

人工神经网络是一种算法，实际上就是一个数学模型，是实现人工智能的一种方法。不过，需要提醒的是，它和人脑神经网络并不是真实的对应关系。

人工神经网络反映出了人脑处理信息的基本特点，所以人工神经网络成功解决了很多智能识别问题，推动了人工智能的迅猛发展。

所处理问题的复杂程度不一样，神经网络的结构也是不一样的。但每个神经网络结构都分为输入层、中间层和输出层。

输入层接受原始输入；中间层主要负责对数据进行处理，并传递给下一层；输出层负责输出处理结果。

神经网络结构中，输入层和输出层都只有一层，中间层可以根据信息处理的需要设计成多层，中间层又被称为隐藏层。

从理论上讲，人工神经网络的层数可以是任意的，但层次越多，计算越复杂，对计算机的处理能力要求越高。

图 5.8 只是一个模型示意，人工神经网络算法最后是用计算机语言编写程序实现的。

5.3.3　人工神经网络的训练

当人工神经网络被根据需要设计完成以后，还需要对这个神经网络进行训练，才能让这个网络具有某种技能。

就像一个普通人如果想成为某个领域的专业人士，就得进行大量的训练。比如想成为一名车手，就得进行大量的赛道训练；想成为一个厨师，就需要进行大量的厨艺训练；想成为英语翻译员，也需要进行大量的英语训练……

一个能够进行人脸识别的人工神经网络被设计好以后，先让它对成千上万张人脸图片进行识别训练，在训练的过程中根据训练结果调整人工神经网络的结构和参数，让它的识别效果达到最佳。

一个用于识花的智能小程序，在使用之前的训练阶段，也需要进行大量的识花训练。

人工神经网络训练的过程就像人类学习的过程，所以这个训练过程也就是机器学习的过程，又称为机器学习。

5.3.4　人工神经网络的应用

人工神经网络最擅长的是识别，比如图像识别、语音识别、机器翻译、疾病的预测、股市走向预测等。

其中图像识别应用广泛，像手机中的识花 APP（图 5.9）、人脸识别、医学影像识别都属于图像识别的应用。

人工神经网络算法只是人工智能众多算法中的一种，是应用得比较多的一种。人工智能还有很多算法模型，比如决策树算法、逻辑回归算法、朴素贝叶斯、K- 最近邻算法等。

图 5.9　智能识花软件

本 章 小 结

我们在解决生活中很多问题的时候，首先要明确对象是什么，其次要想好解决问题的方法步骤是什么。

比如要拍一个好看的电影，首先要确定拍摄对象，电影中要出现哪些人、物、景；其次要设计方法步骤，先拍什么、后拍什么，如何剪辑合成这些视频，如何发行。

在编写程序的时候也是同样的道理，首先要明确程序中涉及哪些数据以及这些数据如何组织；其次要明确处理这些数据的方法和步骤。前者叫数据结构，后者叫算法。

所以，有一个公式：程序 = 数据结构 + 算法。

数据是程序的中心，算法是程序的灵魂。

算法其实就是一种数学模型，人工神经网络就是一种用来解决智能问题的数学模型。

要想实现智能，最重要的就是算法，就是如何对庞杂的数据进行分析、处理、判断。人工神经网络是人工智能技术中最重要的一种算法。

第❻章　人工智能发展的三大支柱之算力

导读

人工智能的基石是大数据，人工智能的算法模型设计完成后，还需要对其进行训练（就像一个孩子出生以后，父母和学校要教他各种各样的知识，他才能成长为一个有知识、有智慧的人）。训练的过程就是人工智能算法模型"学习"的过程。

人工智能的训练需要两个重要条件——大量的数据、超强的计算能力（就像一个人如果想成为一个聪明智慧的人，首先要有大量的知识可供学习，其次要有一颗具有强大学习能力的、天资聪颖的大脑）。

互联网的迅猛发展累积了大量数据，电子技术的迅猛发展不断提高处理器的计算能力，两者都促进了人工智能技术的飞速发展。

算力，就是计算能力，指计算机处理和计算数据的速度和能力。

算力是人工智能技术发展的重要支柱之一。

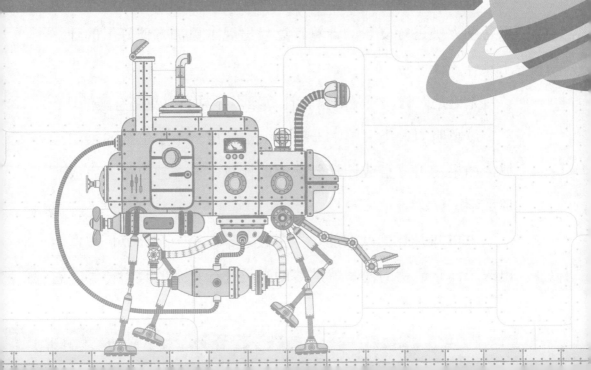

6.1　算力的发展

6.1.1　计算工具的发展

算力，就是计算能力。

人类的大脑就是一个计算中心，在我们清醒的时候，大脑一直在进行各种各样的计算工作。做饭的时候，需要默默计算放多少米、放多少水；炒菜的时候，需要计算放多少盐、放多少油；走路的时候，也需要计算从哪里走比较节约时间。

但人类大脑的计算能力有限，不但会受到情绪干扰，也会疲倦，随着年龄的增长，大脑还会衰退。

所以人类很早就开始使用各种计算工具，比如算盘可以用来帮助人类进行复杂的计算，近代出现了更加方便好用的计算工具——计算器。

无论是人脑，还是算盘、计算器，计算能力都是有限的。

最聪明的人类大脑，一秒也很难完成一道 5 位数的乘法运算，如果使用算盘或计算器来辅助计算，一分钟也最多完成几道数学运算。

1946 年是算力发展的一个突破之年，第一台计算机被发明出来了。它最初的使命就是帮助人类进行复杂的数学计算，它实现了每秒 5000 次的飞速运算。

人类从此进入了算力飞速发展的时代。

6.1.2　集成电路和摩尔定律

1. 电子管计算机和晶体管计算机

第一台计算机（图 6.1）中包含的主要电子元器件是电子管（图 6.2）。

图 6.1　由大量电子管构成的第一台计算机

电子管体积很大，第一台计算机是由 10000 多个电子管构成的，占地 150 多平方米，重达 30 多吨，是一个庞然大物。

第一台计算机虽然每秒可以实现 5000 次运算，但使用的主要元器件——电子管易发热、易损坏，所以不能连续工作太长时间。

图 6.2　各种规格的电子管

　　科学家一直在研究是否有更好的电子元器件可以替代电子管。

　　在 1958 年左右，科学家研究出使用晶体管作为主要元器件的计算机。图 6.3 所示是晶体管计算机，图 6.4 所示是晶体管。

图 6.3　晶体管计算机

图 6.4　各种晶体管

和电子管相比，晶体管的稳定性较好，不容易被烧坏，可以使用的时间变长了。晶体管体积较小，因此晶体管计算机体积也变小了。晶体管计算机的计算速度提高到每秒几万次至几十万次。

2. 集成电路计算机

无论是电子管计算机，还是晶体管计算机，都是把大量的电子管或者晶体管通过线路按照一定的组成原理连接到一起构成的。因为元器件多，线路复杂，所以电子管和晶体管计算机体积都很大。

从图 6.1 和图 6.3 中可以看到很多用来连接的线路，凌乱复杂。

如何减小计算机的体积呢？

首先要减小元器件的体积，其次要研究如何把这些器件按照科学合理的方式进行紧密排布。

集成电路（Integrated circuit，IC），就是在一片很小的单晶硅片上集成大量的电子元器件和连线。因为做成一体了，器件和线都很小，紧密整齐地排列在一起，肉眼看不到，这就是芯片。

芯片做好后，还需要加一个保护壳，同时需要引出和外部相连接的脚，这就是封装。图 6.5 就是一个封装好的芯片，黑色的外壳就是封装，作用是保护里面的芯片，可以看到封装外面有引脚，用来连接外部信号。

最初的集成电路在每个芯片上只能集成几十个、几百个电子元件；后来随着技术的发展，在单个芯片上集成的电子元件越来越多，从几百个到几千个、几万个、几十万个，一直到现在的几十亿个，甚至更多。

图 6.5 是一个中小规模集成电路芯片，图 6.6 是一个超大规模集成电路芯片（芯片里包含了 10 万个以上的元器件）。

图 6.5　中小规模集成电路

图 6.6　超大规模集成电路

　　使用集成电路作为主要元器件的计算机体积更小、速度更快、性能更稳定、功能更强大、价格更便宜。计算机从这个时候开始进入普通人的工作和生活中。图 6.7 是一个使用集成电路芯片作为主要元器件的个人电脑（又叫 PC 机）。

图 6.7　使用集成电路作为主要元器件的个人电脑

　　现在的计算机、手机或者其他电子产品中都包含了大量的集成电路芯片。

3. 摩尔定律

20 世纪 60 年代以来，集成电路技术一直在发展，集成度在不断提高，单块芯片上集成的元器件越来越多，元器件的体积越来越小，芯片的运算速度也越来越快。

戈登·摩尔是一名科学家，也是集成电路领域的先驱人物，还是 Intel（英特尔，著名处理器研制公司）的创始人。

集成电路技术的发展到底有多快呢？

摩尔在 1965 年预测过，集成电路上可以容纳的晶体管数目大约每经过 18 个月到 24 个月便会增加一倍，同时速度也会翻一番。这个预测称为摩尔定律。

也就是说，处理器的性能大约每两年翻一倍，同时价格降一半。

五十多年来，集成电路芯片的发展基本是按照摩尔定律在进行。单片芯片上集成的器件越来越多，密度越来越大，导线宽度越来越小，工作速度越来越快。

目前，集成电路处理器芯片的处理速度已经达到了每秒万亿次，导线宽度已经达到了纳米（1 纳米 $=10^{-9}$ 米）级别。

从第一台电子管计算机到现在，单台计算机的算力提升了上亿倍。

集成电路芯片技术的发展提升了计算机的算力，计算机成了超级大脑，带动了人工智能技术的发展。

但今天的集成电路芯片中，晶体管的密度几乎已经达到了极限，未来很难继续遵循摩尔定律发展。

人工智能技术的发展需要有不断提升的算力来支持，那该如何进一步提高算力呢？

科学家研制出了专门用于人工智能领域计算的芯片，就是专用集成电路芯片。

6.1.3　专用集成电路芯片

专用集成电路芯片，就是专门用于人工智能训练的芯片。

目前，主要有以下几种类型的专用集成电路芯片。

1．GPU（图形处理器）

CPU 是中央处理器，GPU 是图形处理器。CPU 适合于普通计算，GPU 更适用于人工智能领域的图形处理运算。

目前，国际上知名的 GPU 提供商是美国的英特尔公司和英伟达公司。

GPU 的算力比 CPU 高出很多，适用于人工智能图像处理。

2．NPU（神经网络处理器）

神经网络处理器（Neural-network Processing Unit，NPU）特别擅长处理人工智能系统中的视频、图像类的海量多媒体数据，可以用在无人机、智能监控摄像头等领域。

我们国家中科院研究的人工智能芯片——寒武纪就是一种

NPU，主要用在智能手机、安防监控、可穿戴设备、无人机和智能驾驶等各类智能终端设备中，算力水平全面超越传统 CPU、GPU。

3. TPU（张量处理单元）

张量处理单元（Tensor Processing Unit，TPU）是一款由谷歌开发的人工智能专用处理器芯片，是为了机器学习而定制的。

上面三种芯片都是专门开发用来进行人工智能训练学习的，比 CPU 的算力更高，而且性能更好。除了这三种之外，还有 FPGA、BPU、VPU 等人工智能领域的专用芯片。

这些人工智能专用芯片极大地提高了算力，促进了人工智能技术的发展。

6.2　超级计算机

超级计算机就是具有超高速计算能力的计算机，能够执行普通计算机无法执行的大数据、高速度运算任务。

我们工作和学习使用的计算机是个人计算机，简称个人机（Personal Computer，PC）。

普通的个人计算机只有 1 个或者 2 个处理器，而超级计算机由数百、数千甚至更多处理器组成，能完成普通计算机不能完成的大型复杂任务的计算。

普通个人计算机的机箱很小，甚至可以把机箱里的芯片都集成在笔记本那么大的空间内。

但是超级计算机的存储空间特别大，处理器特别多，需要把存储器、处理器放在多个大的柜子里，所以它的机箱不仅仅是一个大柜子，有时候需要几百、几千个柜体才能存放。图6.8中的一排排整齐高大的柜体就是超级计算机的机箱。

图 6.8　中国制造的超级计算机——"神威·太湖之光"

"神威·太湖之光"是中国研究制造的一款超级计算机，在2016年，运算速度世界排名第一。

"神威·太湖之光"超级计算机由40个运算机柜和8个网络机柜组成。每个运算机柜比家用的双门冰箱还大，一台机柜有1024块处理器，整台"神威·太湖之光"共有40960块处理器。

一台"神威·太湖之光"的算力相当于四万多台普通电脑。

"神威·太湖之光"每秒钟的运算速度超过10亿亿次，一分钟的计算能力相当于全球所有人使用计算器连续不断计算

32 年左右的计算能力总和。

除了像"神威·太湖之光"这样的顶尖级超级计算机之外，还有很多功能没有"神威·太湖之光"强大的普通超级计算机，比如图 6.9 所示的我国超级计算机——天河。这些超级计算机也具有强大的算力，工作在不同的专业领域，解决了很多复杂的计算问题，包括很多人工智能计算、训练问题。

图 6.9　中国的超级计算机——天河

超级计算机就是超级大脑，具有强大的算力，是现代科学技术的大脑，用来解决重大工程和科学难题，近年来主要用来解决人工智能领域的复杂数据处理和计算问题。

我们国家陆续建立了一些以超级计算机为核心的超级计算中心，为人工智能训练、科学研究、工业创新、商业金融、社会公共服务和国家安全等方面提供服务。

6.3 云计算

6.3.1 服务器

服务器（图6.10）是一种功能介于普通计算机和超级计算机之间的计算机，功能比普通计算机强大，又比超级计算机弱，一般包含多个中央处理器（CPU）。

和超级计算机相比，服务器的价格要便宜得多。

图 6.10　服务器

有些大型计算机公司将很多服务器集中起来一起工作，这样就大大提升了处理计算能力。

6.3.2 什么是云计算

无论是普通个人计算机、服务器，还是超级计算机，算力都是有限的。

就像人类一样，无论个体的力量多么强大，但是终究能力有限。不过人类可以形成集体，集体的力量会随着数量的扩大而增强。

云计算就是通过计算机网络技术将大量的零散算力资源（主要是服务器）进行打包、汇聚，形成更高可靠性、更高性能、更低成本的算力资源池，这个资源池还可以不断扩充。

所以，云计算具有无限扩充的算力资源。

6.3.3 云计算服务

企业或者用户不需要购买高性能计算机，只要通过网络购买云计算平台的计算服务，比如交了一笔钱以后就可以通过网络使用这个服务器集群的处理器来进行计算，使用它的存储器来进行存储，或者使用这个平台上的软件。

虽然云计算中心可能远在千里之外，但用户在使用的时候就像使用自己的计算机一样。

当我们需要使用人工智能程序处理复杂数据的时候，可以让所有的处理都在云计算提供商所提供的服务器集群上进行。

当我们使用云计算服务时，我们电脑的计算处理工作都是通过远方的服务器集群实现的。这种服务其实是看不见摸不着的，就像远在云端一样。

用户使用云计算服务，就像使用自己的电脑一样方便。

每个人家的生活中都需要使用电，我们并不需要自己购买发电机来发电。电厂发好电，通过电缆送给需要用电的人家，我们只需要打开开关就可以使用电。

每个人家都需要使用燃气来做饭，我们也不需要自己生产燃气。燃气公司生产好燃气后，通过燃气管道输送给需要使用的人家，我们只需要打开开关就可以使用燃气做饭。

我们很多人需要使用性能强大的计算机来进行计算，也不需要花一大笔钱购买性能强大的计算机，只需要打开电脑，登录网络，就可以使用网络上云计算服务商提供的计算服务。

爸爸妈妈经常给我们拍很多照片，手机和电脑都存储满了，那该怎么办呢？

这时候可以将照片存在云盘上，比如百度云盘。这样，照片就不是存在我们自己电脑或手机上，而是存在百度公司服务器集群的存储器里。当需要使用的时候，只要通过网络登录，就可以打开查看我们的照片了。

云服务是一种给普通人提供方便的服务，我们不需要花一大笔钱买一个功能强大的计算机，而只需要花一小笔钱租用云服务就可以。

现在国内有华为云、百度云、腾讯云、阿里云等都能提供云服务。

云计算具有可以不断扩充的强大算力，它的出现给人工智能的发展提供了很大的助力。

6.4 智算中心和我国的"东数西算"工程

6.4.1 智算中心

由于人工智能技术的迅猛发展，应用越来越广泛，人工智能的计算需求越来越大，迫切需要一个能够提供智能计算服务的平台。

智算中心（智能计算中心）就是在这种情况下应运而生的，它基于最新的人工智能理论，采用领先的人工智能计算架构，提供人工智能应用所需的算力服务、数据服务和算法服务。

智算中心是智能时代的公共算力新型基础设施，属于国家重点建设的公共基础设施，就像电力系统、水利系统一样重要。

智能计算中心就是我们智慧时代的新电厂，它会为智慧的应用提供源源不断的算力服务、数据服务和 AI 服务。

6.4.2 我国的"东数西算"工程

我们国家的大部分互联网企业都集中在经济发达的东部地区，这些互联网企业有大量的数据需要存储、处理，需要建立智算中心来进行处理服务。

但是智算中心不但需要占很大的空间，而且耗电量极大，这对于人口密度大、寸土寸金的东部地区来讲是一个需要投入太多的工程。但我国西部地区人口密度较低，风能、太阳能等绿色资源非常丰富，而且很多地方常年气候凉爽，这样能为智算中心散热节约成本，所以在西部地区建立算力中心更绿色、环保、节能、节约成本。

通过建立高速的网络宽带，就能够将东部地区的数据传送到西部地区的算力中心进行存储、计算、处理。这就是我国的"东数西算"工程。

目前西部地区的算力中心主要分布在四川成都、宁夏、甘肃、内蒙古、贵州等地。

智算中心的建设为人工智能的发展提供了巨大的算力资源。

智能时代，算力的高低决定了人工智能发展水平的高低，对国家科技发展起着非常重要的作用。因为我们每个人的生活，还有工厂企业的运转，政府部门的运作，都离不开算力。在国家安全、国防建设、基础学科研究等关键领域，我们也需要海量的算力。

目前，我们国家的算力总规模位居世界前列，并不断保持高速增长的态势，表示我们国家的人工智能技术一直在不断高速发展。

本 章 小 结

人工智能发展的三大支柱：数据、算法、算力。

时时刻刻都在产生的数据就像人工智能机器的燃料，只有源源不断的燃料才能让这台机器不停地运转。

算法就像人工智能机器的引擎，对数据这个燃料进行加工处理，驱动机器工作。

算力就像人工智能机器的大脑，这个大脑必须具有很强的处理能力，才能支撑起机器高速的运算。

源源不断的数据，不断发展的算法，越来越强大的算力，将推动人工智能技术不断发展。

第7章　未来已来——拥抱未来世界

导读

　　未来，人类智能和机器智能联合起来将创造一个超级智能的社会。在这个超级智能的社会中，物联网将人、设备、物体都连接成一个巨大的网络。各类传感器不停地采集各类数据，数据在网络中存储和流通，人工智能就像人类大脑一样负责处理数据、分析数据、得出结果、执行任务。这样的超级智能社会需要稳定、安全、高速的通信网络支持，所以通信将不断地升级，5G 通信将升级为 6G、7G……如何保证数据安全、保护用户隐私，还需要制定相关的法律法规。很多工作将被机器所取代，我们人类能做什么？未来的技术更新将会越来越快，我们如何去适应这个变化？

　　我们一起来学习、思考、讨论吧！

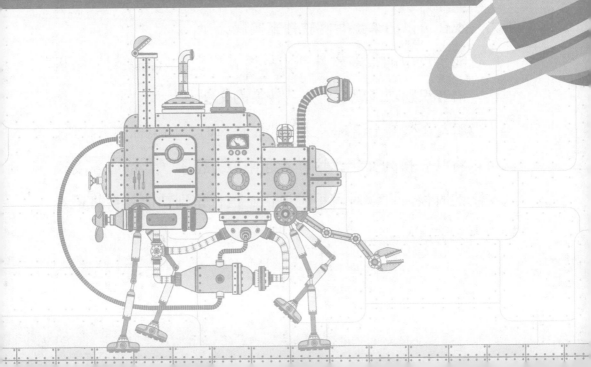

7.1 我们身边的人工智能应用

我们已经迈进了智能时代的门槛，当然也刚刚迈进这个门槛。最近几年，身边越来越多地出现了人工智能的应用，我们几乎每天都在使用一些和人工智能有关的产品。

除了之前讲过的智能音箱、扫地机器人、工厂里的工业机器人之外，还有很多人工智能应用。

7.1.1 智能手机

和我们形影不离的手机中就包含很多人工智能应用。

1. 语音识别

语音识别就是将语音转换为文字，这本来是人类才具有的能力，现在可以由人工智能软件来实现。

智能手机中的很多软件都支持语音识别，只需要对着手机说话，语音识别功能就会将声音转换为文字。

当朋友在微信上给你发来一段长语音时，如果你不方便听，就可以将其转换为文字，这样看起来就方便多了。或者需要输入文字的时候，可以对着手机说话，语音识别功能就会将语音转换为文字输入。

2．智能图像处理

现在手机的拍照效果越来越好，不但手机摄像的清晰度提高了，同时还自带美颜功能。

这种智能美颜功能可以自动调节亮度、颜色饱和度，并自动对照片进行美化，去除皮肤上的瑕疵，调整脸部轮廓，让整个照片更漂亮。

3．大数据推送

最近几年，当打开手机上的购物软件时，会惊奇地发现首页上显示的都是我们喜欢的、经常浏览的或者经常购买的商品。

为什么购物软件这么了解我们呢？

是因为我们每次在购物软件上浏览或者购买商品的时候，什么时间浏览、购买、看了多久、喜欢买什么价位的商品等信息都被记录下来。

购物软件通过对这些数据信息的分析和判断，能够了解我们的喜好和经济情况，比如你喜欢买价格在 100 ～ 200 元之间的休闲长裙，网站就会向你推送价格在 100 ～ 200 元之间的各种休闲长裙。

因为顾客每次看见自己喜欢的东西就忍不住想买，所以购物软件这样做可以提高销售量。

现在很多手机软件都在进行智能化研究，不断地收集用户的数据，分析用户的喜好，精准地给用户提供服务。

7.1.2 图书馆的自动借还书机

很多城市的图书馆都有自动借还书机，如图 7.1 所示。

当需要借书的时候，只需要把书和借书卡一起放到台面的自动识别区，机器可以自动识别书和借书卡的信息，我们只需要在显示屏幕上根据提示选择"借书"或是"还书"，然后点击"确定"即可完成借书或还书的操作。

我们如果借了很多本书，即使把书叠在一起，机器也能够一次性识别所有书的信息。

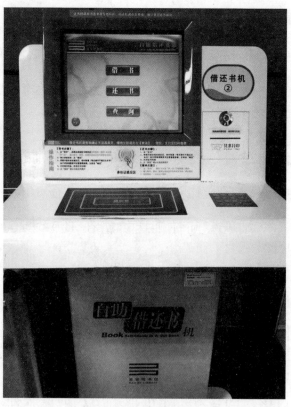

图 7.1 自动借还书机

在十年前的图书馆，借、还书的操作都是通过图书馆的工作人员一本一本扫描书上的条形码来完成的，而现在机器可以完全替代人工，而且更高效、更准确。

现在，一些图书馆已经不需要借书卡了，直接用人脸识别代替借书卡来识别读者的身份。

自动借还书机具有自动识别功能，能自动读取书的信息，自动读取借书卡信息，有的还能自动识别人脸，综合运用了多种人工智能技术。

7.1.3 智慧停车场

最近几年，很多停车场升级成了智慧停车场，主要有两个方面实现了"智慧"：智能找车位 / 智能找车、自动缴停车费。

1. 智能找车位 / 智能找车

智慧停车场能够对每个车位进行精准统计，实时显示哪些车位已经停了车，哪些车位是空置的。

车主通过手机软件或者停车场的指示牌能够方便地得知哪些车位是空的，还可以根据软件的提示迅速找到停车位。

有时会存在这样的情况，当你在商场或者超市买完东西，回到停车场想找到自己的车时，可能已经忘记自己的车停在哪个车位上了。停车场的智慧找车系统能够帮助你迅速找到自己的车。

2. 自动缴停车费

智慧停车场不需要停车缴费，当汽车开出停车场时，系统能够自动识别车牌号，并统计停车的时间，从车牌号所绑定的微信、支付宝或者银行账户上自动收取停车费。

智慧停车场几乎不需要工作人员，或者只需要少量工作人员，全程都是语音提示、自动识别，方便了车主，也节约了停车场的成本。

7.1.4 无人驾驶汽车

现在市场上已经有无人驾驶汽车了。无人驾驶汽车是一种通过电脑系统控制实现无人驾驶的智能汽车。

无人驾驶汽车上装有雷达，在路上行驶的时候，雷达发射出无线电波后经过远处物体将无线电波反射回来从而达到探测效果。通过无线雷达能够获得物体的数量、大小、运动速度、运动方向等信息，电脑控制系统根据物体的距离、大小、数量、速度等做出反应，比如降低速度、转动方向盘等。

无人驾驶汽车上装有摄像头，能够实时拍摄周围影像，电脑系统对这些图像进行处理，比如识别路标、识别红绿灯。

无人驾驶汽车上的雷达和摄像头就像驾驶员的眼睛一样，能够获取汽车周围的数据，并把这些数据传给电脑控制系统，电脑控制系统对这些数据进行处理后，做出相应的操作。

开车是一件需要高度集中注意力的事情，并需要有快速的反应能力，能够随时对路况进行判断，随时做减速、转向、刹车等动作，需要手、脚、眼、脑并用，而这些工作都是人工智能擅长的。

目前市场上已经有了无人驾驶汽车，但还没有普及。当无人驾驶汽车技术成熟后，司机这个职业将会逐渐消失。

7.1.5　围棋人机对弈软件

2016 年，一个名为阿尔法围棋（AlphaGo）的围棋机器人和世界顶级围棋手李世石进行了一场巅峰对决，最后阿尔法围棋以 4:1 的成绩战胜了人类最厉害的围棋棋手。

既然机器人都这么厉害了，我们还需要学围棋吗？

当然要学，围棋学习可以锻炼我们的思考、推理、判断能力，能让我们的大脑变得更聪明。

当我们学习围棋的时候，在家练习很难找到陪练对手。

现在有些智能软件可以陪我们练习围棋，只需要在电脑上打开软件，就可以和电脑下棋了。

这种智能的围棋对弈软件在我们刚开始学习的时候可以慢慢引导我们，教我们一些基本的规则，随着我们下棋水平的提高，它也渐渐用和我们水平匹配的棋法来和我们对弈。

它就像一个老师一样，可以陪练和教学，了解每一位棋手的水平，根据每一位棋手的实际情况来进行有针对性的训练。

图 7.2 中显示的就是一个下棋软件。

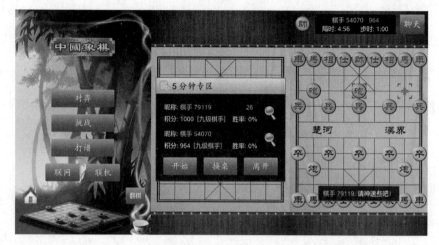

图 7.2　电脑下棋软件

人工智能的应用还有很多，上面只是举了 5 个案例。你还知道哪些人工智能的应用呢？

7.2　未来的世界和未来的我们

7.2.1　人工智能的发展趋势

按照人工智能的发展水平，人工智能的发展可以分为三个阶段：弱人工智能、强人工智能、超人工智能。

1. 弱人工智能

弱人工智能是只具有某个方面能力的人工智能。

152

例如，能战胜围棋世界冠军的人工智能机器人阿尔法围棋，它只会下围棋，如果问其他的问题，它就不知道怎么回答了。

只具有单方面能力的人工智能就是弱人工智能。

我们身边的弱人工智能应用很多，例如智能音箱具有语音识别功能，可以根据指令要求播放故事或歌曲，可以定时，可以提醒主人相关事宜；智能手机上的购物软件可以分析用户的购物习惯、搜索记录，进行个性化推送；扫地机器人会自动规划路径，听得懂语音指令，能够自动充电……

2．强人工智能

强人工智能，也称通用人工智能，是一种能力和人类相似的人工智能。

强人工智能在各方面都能和人类智能比肩，人类能干的脑力活、体力活，它都能干。强人工智能具备人类的心理能力，能够进行思考、计划、解决问题，具有抽象思维，能够理解复杂理念、快速学习和从经验中学习等。强人工智能在进行这些活动时和人类一样得心应手。

创造强人工智能产品比创造弱人工智能产品难得多。

2021 年 6 月，清华大学来了一名新生，叫华智冰，这是一个人工智能机器人，将以学生身份进入清华大学计算机科学与技术系学习。这也是人工智能研究中的一个尝试，看机器人通过学习能否像人类一样具有综合解决问题的能力来服务社会。

如果华智冰最后能像普通大学生一样通过学习不断成长，能够修完学分顺利毕业，能够像其他清华大学毕业生一样为社会服务，它就是一个强人工智能的应用。

注：华智冰并不是一个实体机器人，只是一个虚拟机器人。

3．超人工智能

超人工智能几乎在所有领域都比人类大脑聪明很多，包括科学创新、通识和社交技能。

但目前人工智能的发展水平还基本处在弱人工智能阶段，正在进行强人工智能研究的探索。还没有证据表明人类能够造出一个全方位超过人类的超人工智能。

但是人工智能在某一个领域可能会全面超越人类，比如围棋机器人就能战胜人类最聪明的围棋冠军。

当人类和一台机器人下棋的时候，其实人类面对的并非一台会下棋的计算机，面对的是这台计算机所连接的网络，这个网络中有几十台服务器，每台服务器都有几十个处理器，这些服务器集群存储了很多下棋步法和技巧。面对人类棋手的每一步棋布，几十台服务器一起参与计算、搜索、推理、判断，最终计算出最优的棋布和人类对弈。

就像我们和一个人下棋，对手后面有几十个高手帮他一起出谋划策，我们就很难胜利。

人工智能在很多领域都有这样的优势，比如在人脸识别领域，其实就是一个存储和比对的过程。如果让我们去记住人脸并进行识别，最聪明的人类大脑也大概只能记住几万张脸，但是人工智能的人脸识别系统拥有庞大的存储空间和大数据处理能力，它能够存储几百万、几千万甚至更多的人脸图像，通过对这些图像进行识别训练后，系统就能够在不到一秒的时间内迅速识别出人脸。

现在的人脸识别系统已经十分成熟，即使我们戴着口罩也能被识别出来。

因为每一项人工智能技术背后都有网络、大数据、强大算力的支持，所以人工智能技术在很多领域的能力已经远远超过人类。

7.2.2　机器人会伤害人类吗

这里所说的机器人不一定指的是硬件机器人，也包括人工智能软件。

机器是没有情感好恶的，它只是在执行人类的指令，所以机器并不会主动伤害人类。

但是，在每一个社会都会有为了自己的利益损害他人的人。

就像刀具的发明本来是为了切肉、切菜、防身，但后来有人使用刀来侵犯他人、伤害他人。

所以，有些不法分子可能会为了自己的利益，利用人工智能机器人去伤害他人。

这里所说的伤害，有的并不是直接的伤害，可能是看不见的伤害，比如窃取数据隐私，把个人隐私信息（包括人脸照片、身份信息、电话号码等）贩卖给他人，导致有人打电话骚扰、诈骗我们，有人冒用我们的身份去做违法的事情等。

为了保护自己的隐私，我们不要在网络上对陌生人泄露个人信息，不要随便点开网页上弹出的链接，不要随便点开别人发给我们的网页链接，更不要随便将钱转给别人。一定要经过核实，确保信息真实可靠的情况下才能相信他人。

现在很多国家都在军事领域使用人工智能技术，比如战地机器人可以用于战争。图 7.3 所示就是军事机器人。

战争有正义的和非正义的，有的是为了保护自己的祖国不受侵犯而采取的自卫战争，这种情况下使用人工智能技术是可以理解的。

有的是为了自己的国家利益而侵犯他国利益，这样的国家不惜一切手段采用人工智能技术去赢得战争、谋取利益。这样的行为应该受到全人类的谴责。

我们不用担心机器人会伤害人类。首先我们不要为了自己的利益使用人工智能技术去伤害他人；其次我们也要支持国家立法去保护我们不被侵害；也希望我们国家人工智能技术不断发展，这样才有强大的实力保护人民。

图 7.3　正在巡逻的军事机器人

所有为了自己利益伤害他人的行为都将遭到法律的制裁。

随着社会的进步、技术的发展，人类不断地在制定法律规范人类成员的行为，现在很多国家都开始制定和人工智能技术相关的法律，规范人类使用技术的行为，保护人类成员的利益。

7.2.3　未来的世界

人类已经迈进了智能时代，未来人工智能技术将改变各个行业的形态，所以未来是一个"人工智能＋"时代，即每个行业都将和人工智能进行结合。

有些行业可能因为人工智能技术的出现而消失，有些行业会因为人工智能技术的应用而发生改变，还会有很多新兴的行业产生。

1. 未来的教育——"人工智能＋教育"

我们每个人生来都是独一无二的自己，人和人都是不一样的。有的人天生内向，有的人天生开朗；有的人擅长动手操作，有的人擅长推理判断；有的人喜欢写作，有的人只爱数学……

但是目前学校教育还是统一的教学模式，虽然每个班的几十个学生性格、特长各异，但是每节课上老师讲的内容和讲的方法是一样的。

老师虽然尽力地去了解每个人，但因为老师的精力有限，而且有些同学不擅长表达自己，所以老师很难真正了解每一个同学。

未来，"人工智能＋教育"会构成真正的智慧教育。

在智慧教育时代，我们上学不需要再背着沉重的书包，每个同学都有一个电子书包（也许是一个平板电脑），打开电脑，里面包含了数学、语文、英文等各门课程的教学内容。

同学们可以在平板电脑上阅读、学习、书写作业。

平板电脑上的人工智能系统会收集学生的阅读信息、作业信息，了解学生的学习情况，比如哪个知识点没有掌握，人工智能软件就会针对这个知识点对学生进行针对性辅导，也许是视频辅导、语音辅导或者文字辅导。

这个平板电脑还会像朋友一样和我们聊天，了解我们各方面的情况，进行个性化的学习指导。

有了这样的智能教学老师，就不用担心学不好了。

那智能时代的老师干什么呢？老师依然需要在课堂上讲课，只是多了一个智能教学助手，这个智能教学助手还可以帮助老师批改作业、辅导学生，而老师就可以有更多的时间和同学沟通、交流、游戏。

老师没有无限的精力去了解每一个学生的学习细节，但机器可以；而机器不能提供爱和温暖，但老师可以。

2. 未来的工厂——"人工智能＋工业"

曾经的很多工厂都需要大量的工人，比如电子厂需要工人进行分拣、焊接、组装、测试、调试等；汽车生产工厂的工人需要焊接、喷漆、组装等。

随着人工智能技术的发展，很多工厂都使用机器人来代替工人工作。

机器人的优点有：

（1）严格听从指令控制，绝不会偷懒；

（2）可以二十四小时工作，不会累；

（3）除了购买和维修机器人需要支付费用，不需要给机器人发工资；

（4）机器人没有情绪问题，不会故意捣乱；

（5）机器人之间工作配合非常迅速，互相之间可以快速传递信息，实现无缝对接；

（6）机器在工作的同时可以采集数据，这些数据被集中存储、处理和分析，可以让生产越来越优化。

......

"人工智能＋工业"将产生智能工厂，机器人将高效地工作在各个岗位上，工业互联网连接机器、设备、人、产品，数据处理中心分析、处理工业大数据，通过这些分析判断的结果来自动控制生产、物流、销售等过程。

图 7.4 是智能工厂的工业机器人正在工作。

图 7.4　智能工厂正在工作的工业机器人

3. 未来的服务行业——"人工智能＋服务业"

机器人最擅长干活，能提供精准高效的服务，任劳任怨，不会和顾客起冲突。所以未来在很多服务行业将会出现机器人的影子。

（1）智能银行。顾客去银行，大都是查询、取钱、存钱、转账、理财等业务，这些和数字相关的业务完全可以由人工智能技术实现。

顾客可以在自动存取款机器上存钱、取钱、转账、查询，可以在手机 APP 上进行理财业务。

现在很多城市出现的无人银行使用的就是各种人工智能技术，包括大数据技术，顾客可以在语音提示下完成操作，语音识别技术可以让人和机器人顺利沟通，这样的银行不需要工作人员，称为无人银行。

图 7.5 所示就是一个无人银行，全部都是机器在工作。

图 7.5　无人银行应用场景

（2）智能超市。现在有一些大超市有自助结账机器，顾客需要自己拿起商品一个一个扫描，最后出示付款码结账。

有一些技术更加先进的无人超市，当你推着购物车走出超市门口的时候，门口的自动识别设备能够在你走出的时间内自动识别完购物车内所有的商品信息（每个商品包装上都有射频识别的标签），并统计出总价，同时人脸识别装置对你的脸进行身份识别，从你对应的账户内扣掉商品总价。

这一切都是在无感知、不停留的情况下发生的，当你走出大门的同时，计价、扣款全部完成。

现在大规模的无人超市还没有普及，有一些小型的无人超市正在使用。

（3）智能酒店。在智能酒店，一切都由机器人来完成，机器人帮助顾客办理入住手续，机器人为顾客拖拉行李，机器人给顾客送餐、整理房间等。

智能酒店的房间内，配置有智能窗帘、智能空调、智能马桶等智能设备，这些设备可以语音控制，也可以自动感知控制，非常方便。

图 7.6 中是智能酒店的服务机器人。

在北京冬奥会的餐厅里，烹饪机器人在做饭、服务机器人在送餐……；在很多客服中心，客服机器人（软件）在和顾客沟通交流、解决售后问题……

越来越多的服务工作被机器人取代，因为机器人可以更好、更高效地完成工作。

图 7.6　智能酒店的服务机器人

4. 未来的医疗——人工智能＋医疗

医院是检查、治疗疾病的地方。

在医院，很多检查都是通过机器完成的，而诊断和治疗大都是通过医生来完成的。

现在的人工智能技术可以对病人进行诊断和治疗，比如手术机器人可以给病人做手术，如图 7.7 所示。

在智能时代，疾病的监测和治疗将更加方便，可以将很多疾病抑制在萌芽状态。

比如智能可穿戴设备随时监测病人的心率、脑电波、脉搏、体温、体脂，智能医疗设备可以走入家庭，自己可以在家用设备测量血液、尿液等的指标，随时监测身体的健康状况。

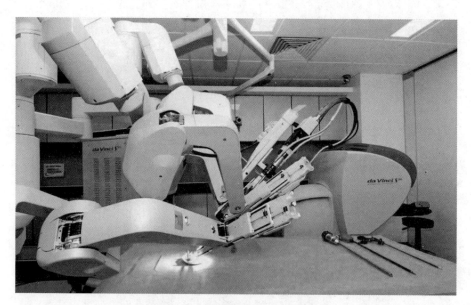

图 7.7　手术机器人正在工作

　　很多疾病在刚开始阶段就能被发现，就会被扼杀在萌芽状态，从而让人类更加健康长寿。

　　上面只是讲述了人工智能在教育、工厂、服务业、医疗领域的应用，其实未来人工智能在每个行业都会得到应用，从而促进每个行业的发展。

　　人工智能不仅仅能够做重复、简单的工作，人工智能具有强大的学习能力，能够在工作中不断地分析数据、更新改善、提高能力。未来，每个行业在人工智能技术的推动下将发展得越来越好。

7.2.4　未来的我们

　　在过去的几百万年里，人类的技术发展得很慢。

如果唐朝的大诗人李白穿越到宋朝，他并不会有什么不适应，因为虽然相距几百年，但是宋朝人的生活环境、生活方式、生活用具和唐朝差别并不是很大。

　　但是，如果一个生活在清朝的人穿越到现代社会，虽然也只相距一两百年，但他会发现生活环境、生活方式、生活用具都已经发生了翻天覆地的变化，他可能根本无法适应现代生活。

　　因为自从两百多年前发生工业革命之后，科学技术就进入了加速发展的阶段，技术的更新迭代非常快。

　　最近一百年，人类进入信息时代，计算机的计算速度每隔18～24个月便翻一番，带动了很多行业一起飞速发展，人类进入到了技术的加速发展时期。

　　技术的发展带来各行各业的变化，有的职业消失了，有的职业产生了。

　　智能时代，随着人工智能技术的发展，将会有很多工作被机器取代，同时也会产生一些全新的工作。

　　现在的孩子长大后所从事的很多工作，也许现在还没有。

　　未来的很多工作可能会由机器完成，机器代替人类去做那些需要记忆的、需要经常查阅资料的、需要计算的、需要重复的、需要推理判断的工作，而人类可以从那些繁复、枯燥的工作中解放出来，去做机器不能做的事情。

　　人类和人工智能机器最大的区别是：

（1）人有感受美好、创造美好的能力。人与人之间的会心一笑，四目相对时的怦然心动，读一篇好文章时的击节赞叹，欣赏花开花落，感受四季更替，这些都属于人类感受美好的能力；布置温暖舒适的家，家人、朋友欢聚一堂，给朋友写一封信、创作一幅画、一首曲子……，这些是创造美好的能力。

感受美好需要具有丰富充沛的情感，创造美好需要具有设计、创意、表达、交流的能力。

我们平时要和自然多接触，多和家人、朋友、社会接触，放下手机，少玩游戏，走出家门，欣赏花开花落、云卷云舒、四季更替，通过和人的交流，感受人和人之间的美好。

（2）人是有思想、精神和信仰的。思想、精神和信仰就是人的灵魂，如果没有这些，人和机器就没什么区别了。人类的读书、学习是让自己具有独立思考能力，有丰富充盈的内心精神世界，有自己的兴趣和爱好，有自己坚守的人生原则，有人生追求的目标，有自己的信仰（不仅仅是宗教信仰），这是人和机器的最大区别。

（3）人有管理和组织的能力。未来社会，技术的发展将会让机器人存在于生活的方方面面。我们不但要处理好人与人之间的关系，还要处理好人与机器之间的关系，需要具备一定的管理能力才能处理好这些复杂的关系。这里的管理能力也包括自我管理能力。

（4）人具有批判性思维。机器人会严格地按照程序设定工作，可能会完美地完成任务，但它目前还不具备批判性思维，比如不具有独立主动的思考能力，不会主动提出问题，不会质疑任务的合理性。人类的批判性思维能力不断推动了人类的进步，是人类最重要的一种能力。

我们要始终记得，机器只是人类的工具，从石器时代到智能时代，人类的工具从石头一直升级到机器人。各种人工智能机器都是为人类服务的，而我们人类要利用好这个工具。首先保障自己不利用工具伤害他人或者他人利益，其次要发展人类的核心能力，保持终身读书、学习的能力，理解人类不断向前的发展规则，不畏惧变化，勇于接受挑战，具有独立思考能力，做未来时代的主人。

身处一个快速变化的时代，我们就要做一个拥抱变化、勇于创新的人。其实无论科学技术发展多么快，自信乐观、积极勇敢、认真好学、独立思考、坚持不懈、宽容善良等优秀的品质永远都不会变，拥有这样品质的人都会有成功的机会。

智能时代已经来临，我们一起来迎接它吧！